高等职业教育土建类"十四五"系列教材

建筑施工组织与管理

JIANZHU

SHIGONG ZUZHI

YU GUANLI

◎主　编　苏小梅　李向春

◎副主编　徐晓雨　胡　建

　　　　　闫永利　陈　浩

　　　　　罗武德

电子课件
（仅限教师）

华中科技大学出版社
http://www.hustp.com
中国·武汉

内 容 简 介

本书采用"任务驱动教学法"的编写思路,围绕建筑业企业的岗位需求,基于实际建筑工程项目施工组织设计的内容和工作过程,优化教学内容,形成建筑施工组织知识准备、施工准备工作、建筑流水施工、建筑工程施工网络计划的编制、建筑施工现场管理及单位工程施工组织设计的编制六个学习板块,构成了一个完整的工作过程。书中每个项目都有引例导入及复习思考题,采用融"教、学、做"为一体的方法开展教学活动,使学生在完成项目、掌握必备的建筑施工组织知识的同时也训练了单项技能。

本书可作为高职高专院校建筑工程相关专业的教材和学习指导用书,也可作为土建施工类及工程管理类专业执业资格考试的参考资料。

图书在版编目(CIP)数据

建筑施工组织与管理/苏小梅,李向春主编.—武汉:华中科技大学出版社,2022.7(2025.1重印)
ISBN 978-7-5680-8460-4

Ⅰ.①建… Ⅱ.①苏… ②李… Ⅲ.①建筑工程-施工组织-高等职业教育-教材 ②建筑工程-施工管理-高等职业教育-教材 Ⅳ.①TU7

中国版本图书馆 CIP 数据核字(2022)第 129822 号

建筑施工组织与管理
Jianzhu Shigong Zuzhi yu Guanli

苏小梅 李向春 主编

策划编辑:康 序
责任编辑:康 序
封面设计:孢 子
责任监印:朱 玢
出版发行:华中科技大学出版社(中国·武汉) 电话:(027)81321913
　　　　　武汉市东湖新技术开发区华工科技园 邮编:430223
录　　排:武汉创易图文工作室
印　　刷:武汉市洪林印务有限公司
开　　本:787mm×1092mm　1/16
印　　张:11.75
字　　数:324 千字
版　　次:2025 年 1 月第 1 版第 2 次印刷
定　　价:38.00 元

前言

PREFACE

建筑施工组织与管理是高职高专建筑工程技术专业及工程监理专业等土建施工类专业的一门核心专业课程,同时也是建筑经济管理专业及工程造价专业的一门重要的专业课程。

本书根据当前高等职业教育的人才培养方案和建筑施工组织的教学基本要求,以及国家住房和城乡建设部、国家质量监督检验检疫总局联合发布的《建筑施工组织设计规范》(GB/T 50502—2009)、《建设工程项目管理规范》(GB/T 50326—2017)、《施工现场临时建筑物技术规范》(JGJ/T 188—2009)和《工程网络计划技术规程》(JGJ/T 121—2015),并参考了许多国有大型建筑施工企业先进的施工组织和管理方法编写而成。本书以培养高素质技能型人才为目标,以培养专业技术能力为主线,力求体现对专业理论、专业知识和专业技能的掌握和应用。

本书涵盖的内容突出了适用性,同时与国家执业资格考试的要求相接轨,体现了学习的延伸性和职业性。为了便于教学,本书在阐述上力求由浅入深、分散难点、内容全面、简单易学。

本书是一门研究建筑施工管理的理论和方法的专业课程,具有较强的实践性,包括建筑施工组织准备工作、流水施工和网络计划的编制及单位工程施工组织设计的编制等部分,主要是培养学生的施工组织和管理能力。

本书在编写过程中,力求理论联系实际,可作为高职高专院校建筑工程类相关专业的教材和学习指导用书,也可以作为土建施工类及工程管理类等专业执业资格考试的参考资料。

本书由武汉城市职业学院苏小梅、石河子职业技术学院李向春担任主编,由武汉城市职业学院徐晓雨和胡建、内蒙古农业大学职业技术学院闫永利、武汉城市职业学院陈浩、贵州职业技术学院罗武德任副主编。全书由六个项目组成,其中项目1、项目2由内蒙古农业大学职业技术学院闫永利编写;项目3由石河子职业技术学院李向春编写;项目4、项目6由武汉城市职业学院苏小梅、胡建编写;项目5由武汉城市职业学院徐晓雨编写;项目1至项目5中的实例由贵州职业技术学院罗武德提供材料编写;项目6中的单位工程施工组织设计实例由武汉城市职业学院陈浩提供材料编写。全书最后由苏小梅完成审核和统稿工作。

为了方便教学,本书还配有电子课件等教学资源包,任课教师可以发邮件至 husttujian@163.com 索取。

本书在编写过程中,参考了许多文献资料,在此谨向这些文献资料的作者表示衷心的感谢!

由于编者水平有限,加之时间仓促,本书难免存在不足和疏漏之处,敬请各位读者批评指正。

编　者

目录 CONTENTS

1

Chapter 1

项目 1　建筑施工组织知识准备

1

学习目标

1. 知识目标

（1）了解建筑施工组织的研究对象和任务。

（2）了解建设项目和施工项目的生产程序。

（3）明确施工组织设计的含义、作用及分类。

（4）掌握施工组织设计的内容。

（5）了解建筑产品及建筑施工的特点。

（6）掌握施工项目管理的目标和任务。

2. 技能目标

（1）掌握建设项目和施工项目的生产程序。

（2）掌握施工组织设计的编制依据和原则。

（3）能够编制建筑工程现场施工组织结构图。

◈ 引例导入

某地区因供水需要，需要新建一个净水厂，按照项目建设程序，已完成项目建议书编制，并按要求报送至有关部门，且获得批准。那么，该项目在正式施工前还要经过哪些程序？

1.1　建筑施工组织的研究对象、任务及项目建设程序

建筑施工是指工程建设实施阶段的生产活动，是各类建筑物的建造过程，也可以说是把设计图纸上的各种线条，在指定的地点，借助所需的各种资源，通过一系列的生产活动，变成实物的过程。它包括基础工程施工、主体结构施工、屋面工程施工、装饰工程施工等。

一、建筑施工组织的研究对象

建筑工程施工是一项涉及人员多、工种多、专业多、设备多及技术要求高的综合而又极其复杂的生产活动，需要有建筑材料、施工机具和具有相关专业或工种施工经验和技术能力的劳动者等，并且需要把所有这些要素，按照建筑施工的技术规律和组织规律，以及具体的设计文件和合同要求，在空间上按照一定的位置，在时间上按照先后顺序，在数量上按照科学方法合理组织起

来,进行施工生产。建筑施工组织就是指针对建筑工程施工的复杂性,研究工程建设的统筹安排,进而制定建筑工程施工最合理的施工组织方法的一门科学。

随着社会的不断发展,科技的进步,以及土地资源等因素的制约,现代建筑产品的体型庞大,结构日趋复杂。因此,施工前必须精心规划、合理安排,施工过程中应严格按要求精心组织施工,才能保证安全、高质量地完成施工任务。

二、建筑施工组织的任务

建筑施工组织的基本任务是:在党和政府有关建筑施工方针政策的指导下,从施工的全局出发,根据工程的具体条件,以最优的方式解决施工组织的问题,对施工的各项活动做出全面的、科学的规划和部署,使人力、物力、财力、技术资源等得到充分和合理的利用,达到安全、优质、低耗、高速地完成施工任务的目的。

三、项目建设程序

1. 建设项目的建设程序

建设项目是指需要一定量的投资,按照一定程序,在一定时间内完成,符合质量要求,以形成固定资产为明确目标的特定性任务。建设项目的管理主体是建设单位。

建设项目的建设程序是指项目从决策、设计、施工到竣工验收、投入生产或交付使用的整个建设过程中,各项工作必须遵循的先后工作次序。建设项目的建设程序是工程建设过程客观规律的反映,是建设工程项目科学决策和顺利进行的重要保证。建设项目的建设程序是人们在长期工程项目建设实践中得出来的经验总结,不能任意颠倒,但可以合理交叉。

建设项目的建设程序主要分为:项目决策阶段(项目建议书和可行性研究)、勘察设计阶段、建设准备阶段、施工阶段、生产准备阶段、竣工验收阶段和后评价阶段等。

1)项目决策阶段

项目决策阶段主要包括编报项目建议书和可行性研究报告两项工作内容。

(1)项目建议书。

项目建议书是建设单位根据当地国民经济和社会发展的中长期计划,结合地区规划要求,通过调查研究编制的建设某一项目的建议性文件,其内容是对拟建项目的轮廓设想。项目建议书的主要内容一般包括以下几项。

① 项目提出的必要性和依据。

② 拟建规模和建设地点的初步设想。

③ 资源情况、建设条件、协作关系和引进公司的所在国别或地区、厂商等的初步分析。

④ 投资估算和资金筹措设想。

⑤ 经济效果和社会效益的初步估计。

项目建议书编制完成后应报送有关部门审批,经批准后,方可进行可行性研究工作。但项目建议书不是项目的最终决策,并非项目建议书一经批准就表明项目非上不可,还需对拟建项目进行可行性论证,它是项目进行可行性研究的依据和基础。

(2)可行性研究。

可行性研究是在项目建议书被批准后,对项目在技术上和经济上是否可行所进行的科学分析和论证。可行性研究的主要内容如下。

① 建设项目提出的背景、必要性、经济意义和依据。

② 拟建项目的规模、建设地点和市场预测。

③ 技术工艺、主要设备、建设标准。

④ 资源、材料、燃料供应和运输及水、电条件。

⑤ 建设地点、场地布置及项目设计方案。

⑥ 环境保护、防洪等要求。

⑦ 劳动定员及培训。

⑧ 建设工期及进度建议。

⑨ 投资估算及资金筹措方式。

⑩ 经济效益和社会效益分析。

2）勘察设计阶段

勘察设计阶段所做的主要工作是根据批准的可行性研究报告,对施工所处区域进行工程地质地形勘察,以及设计文件的编制,主要包含勘察过程和设计过程。

（1）勘察过程。

对施工所处区域进行工程地质地形勘察是编制设计文件的前提和依据,不仅在设计之前需要进行大量的勘察工作,在设计之中也不可避免地要进行勘察工作。对于复杂的工程一般分为初勘和详勘两个阶段。

（2）设计过程。

设计是工程建设的重要环节,设计的好坏不仅影响建设工程的投资效益和质量安全,其技术水平和指导思想对城市建设的发展也会产生重大影响。设计工作是由设计单位完成的,编制设计文件是一项复杂的工作,它是在勘察工作的基础上,结合批准的可行性研究报告,将建设项目的具体要求逐步具体化成为指导施工的施工图纸及其说明书的过程。设计过程一般划分为两个阶段,即初步设计阶段和施工图设计阶段,对于大型复杂项目,可根据不同行业的特点和需要,在初步设计阶段之后增加技术设计阶段。

① 初步设计。

初步设计是设计的第一步,是针对批准的可行性研究报告所提出的内容进行初步的设计,制订出初步的实施方案,然后进一步论证项目在技术上的可行性和经济上的合理性,并依据项目的基本技术经济规定,编制项目总概算的工作。

初步设计经主管部门审核批准后,建设项目被列入国家固定资产投资计划,方可进行下一步的施工图设计。另外,初步设计一经批准后,不得随意改变建设项目的建设规模、建设地点、主要工艺过程以及总投资等控制指标。如果初步设计提出的总概算超过可行性研究报告投资估算的10％以上或其他主要指标需要变动,则应重新报批可行性研究报告。

② 技术设计。

技术设计是在初步设计的基础上,根据更详细的调查研究资料,进一步确定建筑、结构、工艺及设备等方面的技术要求的工作。技术设计是初步设计和施工图设计之间的设计阶段,是大型工程为更好地找出设计中的不足,解决初步设计尚未完全解决的具体技术问题而设置的一个设计阶段。

③ 施工图设计。

建筑施工图就是建筑工程上所用的一种能够十分准确地表达出建筑物的外形轮廓、大小尺寸、结构构造和材料做法等的图样,施工图是房屋建筑施工的依据。施工图设计是在初步设计（技术设计）的基础上进一步具体化、明确化,完成建筑、结构、水、电以及施工现场场内道路等的全部施工图纸、工程说明书、结构计算书以及施工图预算等的工作。在工艺方面,应具体确定各种设备的型号、规格以及各种非标设备的制作和安装等。

施工图一经审查批准,不得擅自进行修改,否则,必须重新报请原审批部门,由原审批部门委托审查机构审查后再批准实施。

3)建设准备阶段

建设准备的作用主要是通过对工程施工所需的组织、技术以及物资等方面的准备,为工程施工的顺利、有序地进行奠定基础。建设准备的主要内容包括:①组建项目法人,办理土地的征用、拆迁手续,做好"七通一平";②组织材料、设备订货;③办理建设工程质量监督手续;④委托工程监理;⑤准备必要的施工图纸;⑥组织施工招投标,择优选定施工单位;⑦办理施工许可证等。

按规定做好各项施工准备,是保证工程质量,降低工程成本,加快施工进度的重要保证。

4)施工阶段

建设工程在具备了开工条件并取得施工许可证后方可开工。项目新开工时间,按设计文件中规定的任何一项永久性工程第一次正式破土开槽时间来确定。不需开槽的以正式打桩的时间作为开工时间。铁路、公路、水库等项目以开始进行土石方工程作为正式开工时间。

5)生产准备阶段

对于生产性建设项目,在其竣工投产前,建设单位应适时地组织专门的团队或机构,有计划地做好生产准备工作。生产准备阶段的主要工作包括:①招收、培训生产人员;②组织有关人员参加设备安装、调试、工程验收;③落实原材料的供应;④组建生产管理机构,健全生产规章制度等。生产准备是由建设阶段转入生产经营的一项重要工作。

6)竣工验收阶段

建设项目按设计文件要求,在完成各项任务项目后,如果满足生产需求或具备使用条件,并符合其他竣工验收条件,就可进行竣工验收。竣工验收是指承包人按施工合同完成所有任务后,经自检合格并经监理单位检查验收合格后,由发包人牵头组织勘察单位、设计单位、施工单位、监理单位,以及建设主管部门等参与,对工程的设计、施工等方面进行全面评估和鉴定的过程。项目竣工验收是全面考核建设成果、检验设计和施工质量的重要步骤,也是建设项目转入生产和使用的标志。验收合格后,建设单位编制竣工决算,项目正式投入使用。

7)项目后评价阶段

建设项目的后评价的内容是指在工程项目竣工投产、生产运营(或使用)一段时间以后,对项目的目标、执行过程、效益、作用和影响等进行系统的、客观的分析;通过项目实践活动的检查总结,判定项目预期的目标是否达到,项目预期的效益是否实现,以及项目投产后对各方面的影响等。对项目进行后评价可达到肯定成绩、总结经验、吸取教训、提出建议、改进工作等目的,使项目的决策者和建设者学习到更加科学合理的方法和策略,不断提高项目决策水平和投资效果,从而将其运用到未来的实践中。

> **知识拓展**

建设项目的分解

建设项目一般可分解为单项工程、单位工程、分部工程、分项工程及检验批等,分别介绍如下。

（1）单项工程：单项工程是指具有独立的设计文件，可以独立施工，建成后能独立发挥生产能力或效益的工程。例如，某一工厂的某一生产车间，学校的实验楼、图书馆等工程，都是建成后均能独立发挥生产能力或效益的工程。

（2）单位工程：单位工程是指具有独立的设计文件，可以独立组织施工，但完成后不能独立发挥效益的工程，单位工程是单项工程的组成部分。例如，学校实验楼建设的土建工程。

（3）分部工程：分部工程是单位工程的组成部分，它是按工程部位或工种的不同而进行的分类。例如，学校实验楼建设中土建工程可分为基础工程、主体工程、屋面工程等。

（4）分项工程：分项工程是分部工程的组成部分。分项工程是通过较为简单的施工过程就能生产出来，并且可以用适当的计量单位，计算工料消耗的最基本构造因素。例如，基础工程中的土方开挖。

（5）检验批：检验批是指按同一生产条件或按规定的方式汇总起来供检验用的，由一定数量样本组成的检验体。检验批是工程质量验收的基本单元。

单项工程是建设项目的重要组成部分，一个建设项目有时可以仅包含一个单项工程，也可包含多个单项工程，如图 1-1 所示。

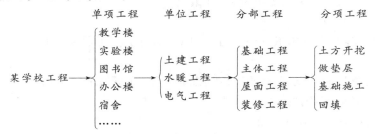

图 1-1　建设项目的分解

2. 施工项目程序

施工项目是指施工企业自施工投标开始到保修期满为止全过程中完成的项目，它是一个建设项目或其中的单项工程或单位工程的施工任务。施工项目是以施工承包企业为管理主体的一个项目。

一个施工项目的建成往往需要很长时间，需要经过多个阶段，并且项目建设过程中涉及的面较广，内外协作配合环节多，关系错综复杂，因此，在项目建设的过程中必须遵循必要的建设程序才能保证各项工作有条不紊地进行。施工项目的程序是指施工项目的各个阶段和各项工作的先后顺序。施工项目的具体程序大致可分为：①投标、中标、签约阶段；②施工准备阶段；③施工阶段；④竣工验收、交付使用、工程结算阶段；⑤用后服务阶段，共 5 个阶段。

1）投标、中标、签约阶段

进行项目投标是一个施工承包企业运作一个施工项目的开始，作为施工承包企业来说，能够与项目建设单位签订施工承包合同是其重要目标。在这一阶段施工承包企业所做的工作主要如下。

（1）施工承包企业从经营战略的高度做出是否投标争取该项目的决策。

（2）施工承包企业若决定对该项目进行投标，则应开始就企业自身、市场以及现场等多方面的信息进行收集，为下一步编制高质量的投标书做准备。

（3）施工承包企业按建设单位提供的招标文件的要求，结合已收集到的各类信息，编制既能使企业自身盈利，又具有竞争力，可望中标的投标书。

（4）如果中标,施工承包企业接到中标通知书后,与项目发包单位就技术、经济等问题进行进一步协商,最终达成协议,并依法签订施工承包合同。

2）施工准备阶段

施工准备是施工项目建设程序中非常重要的一个环节,是组织施工的前提,是顺利完成建筑工程任务的关键。工程项目施工是一项非常复杂的生产活动,是施工承包企业任务最为繁重的一部分,整个施工过程历时较长。为了给建设单位交付高质量的产品,作为施工承包企业,与建设单位签订施工项目承包合同后,在正式施工前必须按要求做好必要的施工准备工作;如果在施工前缺乏统筹安排,施工准备工作做得不够到位,势必会给施工活动的正常进行带来较多不便。因此,施工前做好必要的施工准备工作,对于合理组织人力、物力,加快施工进度,保证建筑产品的质量,节约施工成本,提高企业经济效益具有十分重要的作用。作为施工承包企业,工程正式开工前进行的准备工作主要如下。

（1）组建项目经理部,授权项目经理,并根据工程建设的需要建立所需的各类工程组织和调配好管理人员。

（2）收集与施工活动有关的各类资料,并编制切实可行的施工组织设计,用于指导施工准备工作和全过程的施工活动。

（3）根据工程实际,进行施工队伍的准备,同时做好必要的技术交底工作,为进场顺利开展施工做准备。

（4）根据合同条款,按要求做好施工现场准备工作(如场地平整、"七通一平"、搭设临时设施等),使施工现场具备施工条件。

（5）做好必要的季节性施工准备。

（6）编写工程开工申请。

3）施工阶段

开工申请一经批复,项目便可进入建设实施阶段,按要求进行施工。整个建筑产品的建造过程历时较长,任务繁重,作为施工承包企业,必须严格按要求完成各项工作,为用户交付满意的产品。施工承包企业在施工阶段主要进行如下工作。

（1）依据合同规定及施工组织设计的安排进行施工,完成合同规定的全部施工任务。

（2）做好各项控制工作,保证工程安全目标、质量目标、进度目标、成本目标等的实现。

（3）做好施工现场管理工作,实行文明施工。

（4）协调处理好与各协作单位的关系,做好合同变更及索赔相关事宜。

4）竣工验收、交付使用、工程结算阶段

工程项目的竣工验收是施工全过程的最后一道程序,是建设投资成果转入生产或使用的标志,也是全面考核投资效益,检验设计和施工质量的关键环节。在施工方按照批准的设计文件(如初步设计、技术设计等)所规定的基本内容和施工图纸的基本要求完成全部施工任务,并且产品已具备生产或使用条件后,则不论新建、改建、扩建还是迁建的项目,都应进行验收。作为施工方,应在自检合格后,由监理单位先组织工程预验收,在预验收过程中,如果发现存在问题,项目监理部应就存在的问题提出书面意见,作为工程施工方就预验收提出的具体问题要进行限期整改。施工方整改完毕后,按有关文件要求,编制《建设工程竣工验收报告》提交项目监理部,由项目总监理工程师签署意见后,提交项目建设单位,最后由项目建设单位组织工程正式验收,验收合格后办理工程交付手续。

5）用后服务阶段

作为施工承包企业,用后服务阶段是整个施工项目全寿命周期的最后阶段。在交工验收后,施工承包企业按合同规定的责任期进行用后服务、回访与保修,其目的是保证使用单位正常使用。在该阶段施工承包企业主要进行以下工作。

（1）为保证工程正常使用而进行必要的技术咨询和服务。

（2）进行工程回访,听取使用单位意见。总结经验教训,观察使用中发现的问题,进行必要的维护、维修和保修。

1.2 施工项目管理的目标、任务与组织结构

一个项目往往由众多参与单位承担不同的任务,由于各参与单位的工作性质、工作任务及利益不同,从而形成了不同类型的项目管理,如业主方的项目管理、设计方的项目管理、施工方的项目管理等。

一、施工项目管理的目标

施工项目管理是项目管理的一个分支,其管理对象是施工项目,管理者是施工方,其项目管理主要服务于项目的整体利益和施工方本身的利益。施工项目管理的主要目标如下。

（1）施工的成本目标。

（2）施工的进度目标。

（3）施工的质量目标。

施工的成本目标、进度目标和质量目标之间的关系往往是对立统一的。为了加快施工进度及提高质量通常需要增加成本,过度地缩短工期会影响质量目标的实现,这反映了三个目标之间对立的一面;但是通过合理的组织及有效的管理,在不增加成本的前提下,也可缩短工期和提高工程质量,这反映了目标间统一的一面。

施工项目管理主要在施工阶段进行,但是在工程实践中,设计阶段和施工阶段往往是交叉的,因此施工项目管理也涉及设计阶段。在动工前准备阶段和保修期之间施工合同尚未终止,在这期间,还有可能涉及工程质量、费用等方面的问题,因此,施工项目管理也涉及动工前准备阶段和保修期。

二、施工项目管理的任务

施工项目管理的主要任务如下。

（1）施工安全管理。

安全管理是项目管理中最重要的任务,因为安全关系到人身的健康与安全,而成本、进度和质量控制等主要涉及物质方面的利益。当施工与安全发生矛盾时,应立即停止施工,进行安全整顿,在消除了影响施工的不安全因素后,方可继续施工。

（2）施工成本控制。

施工成本控制应从工程投标报价开始,直至项目竣工结算完成为止,贯穿于项目实施的全过程,做好施工成本控制,对于提高施工企业的经济效益是至关重要的。

（3）施工进度控制。

在进行进度控制时，一定要结合施工组织的总安排，按照施工程序及工艺的要求正常有序地开展施工，盲目赶工在一定程度上可缩短工期，同时也难免导致施工质量和安全问题的出现，进而引起施工成本的增加。因此，在工程实践中，必须在确保工程质量及施工安全的前提下，控制施工的进度。

（4）施工质量控制。

建设工程质量不仅关系到建设工程的适用性和建设项目的经济效益，同时也关系到人民群众的生命和财产的安全。作为施工方，一定要严格控制施工质量，使项目的质量目标得以实现。

（5）施工合同管理。

合同管理是工程项目管理的重要内容之一，施工合同管理是对工程施工合同的签订、履行、变更和解除等进行策划和控制的过程。

（6）施工信息管理。

与施工项目相关的信息繁多，如公共信息（法律、法规和部门规章信息，市场信息以及地区自然条件信息）、工程总体信息（建筑面积、施工合同、基础工程特点等）、施工信息（施工组织设计、技术交底资料、施工试验记录、设计变更等），以及项目管理信息（进度、质量、成本及安全控制信息等），这些信息的及时收集、整理、分析、处置、储存和使用对项目目标的实现至关重要。

（7）与施工有关的组织与协调。

在项目实施过程中，各种条件和环境的变化，难免会对施工项目的正常开展产生不同程度的干扰，给原计划的实施带来一定的困难，必须进行必要的组织与协调，以保证施工活动的正常进行。例如，施工方应与业主方、设计方、工程监理方等外部单位进行必要的联系和沟通。

三、施工管理的组织结构

项目管理的组织是项目管理的目标能否实现的决定性因素，其组织结构形式可用组织结构图来描述，如图1-2所示。组织结构图可以反映一个组织系统中各组成部门（组成元素）之间的组织关系（指令关系）。常用的组织结构形式包括职能组织结构、线性组织结构和矩阵组织结构等。

1. 职能组织结构

职能组织结构是一种传统的组织结构形式，在职能组织结构中，每一个职能部门可根据它的管理职能对其直接和非直接的下属部门下达工作指令。由于每一个工作部门可能得到其直接和非直接的上级部门下达的工作指令，因此，每一个工作部门在工作实际中可能接到多个上级工作指令源，多个可能存在矛盾的指令源在一定程度上势必会影响管理机制的运行和项目目标的实现。

如图1-3所示的职能组织结构中，A、B_1、B_2、B_3、C_1、C_2 和 C_3 都是工作部门，C_2 和 C_3 可以得到其直接的上级部门 B_2 下达的指令，也可以得到其非直接的上级部门 B_1 和 B_3 下达的指令，C_2 和 C_3 有多个指令源。

2. 线性组织结构

线性组织结构是一种非常严谨的组织结构形式，在线性组织结构中，每一个职能部门只能对其直接的下属部门下达工作指令，每一个工作部门只有一个直接的上级部门，因此，每一个工作部门在工作实际中只有唯一的指令源，在项目实施中有利于项目目标的实现。但是，对于一个特大的组织管理系统，由于线性组织结构的指令路径过长，有可能会对组织系统的运行造成一定的困难,进而影响工作效率。

如图 1-4 所示的线性组织结构中,工作部门 A 只能对其直接的下属部门 B_1、B_2 和 B_3 下达工作指令,B_1 也只能对其直接的下属部门 C_1 和 C_2 下达指令,B_2 和 B_3 虽然比 C_1 和 C_2 高一个组织层次,但是 B_2 和 B_3 并不是 C_1 和 C_2 的直接上级部门,它们均不能对 C_1 和 C_2 下达工作指令。

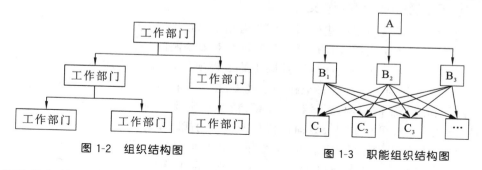

图 1-2　组织结构图　　　　　图 1-3　职能组织结构图

3. 矩阵组织结构

矩阵组织结构是一种较新型的组织结构形式,在矩阵组织结构最高管理层指挥下设有纵向和横向两种不同类型的工作部门,每一项纵向和横向交汇的工作,指令来自纵向和横向两个部门,因此其指令源为两个,如图 1-5 所示。当纵向和横向工作部门的指令发生矛盾时,由最高指挥者进行协调或决策。

对于矩阵组织结构,在项目实际运行中,为避免纵向和横向工作部门指令矛盾时对工作产生影响,也可以采用以纵向或以横向部门指令为主的矩阵组织结构形式。

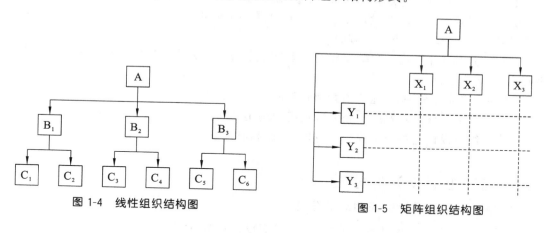

图 1-4　线性组织结构图　　　　　图 1-5　矩阵组织结构图

1.3　施工组织设计概述 ....

一个建设项目的施工,可以有不同的施工顺序;每一个施工过程可以采用不同的施工方案;每一种构件可以采用不同的生产方式;每一种运输工作可以采用不同的方式和工具;现场施工机械、各种堆物、临时设施和水电线路等可以有不同的布置方案;开工前的一系列施工准备工作可以用不同的方法进行。不同的施工方案,其效果是不一样的。怎样结合工程的性质和规模、工期的长短、工人的数量、机械装备程度、材料供应情况、构件生产方式、运输条件等各种技术经济条

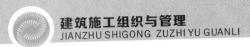

件,从经济和技术统一的全局出发,从许多可能的方案中选定最合理的方案,对施工的各项活动做出全面的部署,编制出规划和指导施工的技术经济文件,这是施工人员开始施工之前必须解决的问题。

一、施工组织设计的含义

施工组织设计是我国在工程建设领域长期沿用下来的名称,西方国家一般称为施工计划或工程项目管理计划。施工组织设计是以施工项目为对象编制的,是用于指导施工的技术、经济和管理的综合性文件。施工组织设计是针对拟建的工程项目,结合工程本身特点,从工程投标、签订承包合同、施工准备到竣工验收整个施工全过程,按照工程的要求,对所需的施工劳动力、施工材料、施工机具和施工临时设施,经过科学计算、精心对比及合理的安排后编制出的一套在人力和物力、时间和空间、技术和组织等方面进行合理施工的战略部署文件。

施工组织设计是工程施工的组织方案,是用于指导项目进行施工准备和组织施工的全面性技术经济文件,是现场施工的指导性文件。由于建筑产品的多样性,每项工程都必须单独编制施工组织设计,只有在其施工组织设计经审批通过后方可施工。

建筑施工组织设计在我国已有几十年的历史,虽然产生于计划经济管理体制下,但在实际的运行当中,对规范建筑工程施工管理确实起到了相当重要的作用,在目前的市场经济条件下,它已成为建筑工程施工招投标和组织施工必不可少的重要文件。

二、施工组织设计的作用

施工组织设计在施工的过程当中起到了举足轻重的作用,所有施工的工作必须在施工组织设计的指导下展开。施工组织设计是指导施工的纲领性文件。其不仅具有理论意义,更具有实践意义,具体作用表现在以下几个方面。

(1) 施工组织设计是施工准备工作的重要组成部分,是做好施工准备工作的主要依据和重要保证。

(2) 施工组织设计是编制施工预算和施工计划的主要依据。

(3) 施工组织设计是建筑施工企业合理组织施工和加强项目管理的重要依据。

(4) 施工组织设计是检查工程施工进度、质量和成本三大目标的依据。

三、施工组织设计的分类

1. 根据施工组织设计的编制对象分类

根据施工组织设计的编制对象不同,施工组织设计可分为:施工组织总设计、单位工程施工组织设计及施工方案等三类。

1) 施工组织总设计

施工组织总设计是以若干单位工程组成的群体工程或特大型项目为主要对象编制的,它对整个项目的施工过程起统筹规划、重点控制的作用。它是对整个建设工程项目施工的战略部署,是指导全局性施工的技术和经济纲要,用于对单位工程的施工组织进行总体性指导、协调和阶段性目标控制与管理。

2) 单位工程施工组织设计

单位工程施工组织设计是以单位(子单位)工程为主要对象编制的施工组织设计,对单位(子单位)工程的施工过程起指导和制约作用。单位工程施工组织设计是施工单位编制分部(分项)工程施工组织设计和季、月、旬施工计划的依据。单位工程施工组织设计根据工程规模和技术复杂程度的不同,其编制内容的深度和广度也有所不同。对于简单的工程,一般只编制施工方案,并附以施工进度计划和施工平面图。

3) 施工方案

施工方案在某些时候也称为分部(分项)工程或专项工程施工组织设计,是以分部(分项)工程或专项工程为主要对象编制的施工技术与组织方案,用于具体指导其施工过程。

施工组织总设计、单位工程施工组织设计及施工方案是同一工程项目中,具有不同广度、深度和作用的三个层次。施工组织总设计是对整个建设项目的全局性战略部署,其内容和范围比较概括;单位工程施工组织设计是在施工组织总设计的指导下,以施工组织总设计为依据,针对具体的单位工程编制的,是施工组织总设计的深化和具体化;施工方案是以施工组织总设计和单位工程施工组织设计为依据,针对具体的分部(分项)工程或专项工程编制的,是单位工程施工组织设计的深化与具体实施。

2. 按施工组织设计编制阶段的不同分类

施工组织设计根据其编制时间的不同,可分为投标阶段施工组织设计(简称标前施工组织设计)和实施阶段施工组织设计(简称标后施工组织设计)等两类。投标阶段施工组织设计是为了满足编制投标书和签订工程承包合同的需要而编制的规划性文件;实施阶段施工组织设计是以整个建设项目或群体工程为对象编制的,是整个建设项目或群体工程施工的全局性、指导性文件。投标阶段施工组织设计和实施阶段施工组织设计的主要区别如下。

1) 编制目的不同

投标阶段施工组织设计和实施阶段施工组织设计其针对性是有明显区别的,投标阶段施工组织设计编制的目的就是追求中标和达到签订承包合同;实施阶段施工组织设计编制的目的主要是强调可操作性,如何提高施工效率,从而获得更好的经济效益,同时鼓励企业技术创新。

2) 编制时间不同

投标阶段施工组织设计是在投标书编制前着手编写的,由于受报送投标书的时间限制,编制投标阶段施工组织设计的时间很短。而实施阶段施工组织设计是在签约后开工前着手编写的,编制时间相对较长。

3) 服务范围不同

投标阶段施工组织设计,其服务的范围主要是标书评委会的评标人。实施阶段施工组织设计,其服务的范围是从施工准备直至工程竣工验收整个阶段的组织。因此,针对这种特点,要恰如其分地把握施工组织设计编写的不同点。要想在评标中得高分,投标阶段施工组织设计就得严格按招标文件和评标办法的格式要求,依次对应条款按序编写,在写作手法上要条理清晰,陈述详略得当;而实施阶段施工组织设计,在编写上应注重施工程序与工艺流程,要结合施工现场操作工人和项目部管理的水平,无论是新技术、新工艺、新材料等的应用,还是常规施工方法,均要编写出程序性和操作方法,便于指导施工和业主及监理工程师的现场监督、检查和工程结算。

4) 编制者不同

投标阶段施工组织设计,一般主要由企业经营部门的管理人员编写,文字叙述上规划性、客观性强。实施阶段施工组织设计,一般主要由工程项目部的技术管理人员编写,文字叙述上具体

直观、作业性强。因此,针对这种特点,要注重两类施工组织设计内容侧重点的叙述技巧。例如:投标阶段施工组织设计对本工程拟采用的新工艺、新技术、新材料的应用,在文字叙述中应包括符合国家和建设行政主管部门推广新工艺、新技术、新材料等的方针、政策的论述,还应有保证工程质量或节约工程投资的对比计算方案;而对于一些常规施工工序和施工方法,应简明扼要,无须大篇幅介绍,切忌面面俱到。而实施阶段施工组织设计,对于新工艺、新技术、新材料等的应用,侧重点在施工工序和施工方法上的详述;对于主要工序和施工方法,即使属于常规操作规程,也要具体陈述步骤,便于指导生产。对工程项目部而言,实施阶段施工组织设计,就是要在科学合理地组织各种施工生产要素上下功夫,从而保证施工活动能够安全、有秩序、高效率、科学合理地实施。

四、施工组织设计的基本内容

施工组织设计的基本内容应根据工程对象的实际特点、施工条件和技术水平等因素综合确定,一般包括编制依据、工程概况、施工部署、施工进度计划、施工准备与资源配置计划、主要施工方法、施工现场平面布置及主要施工管理计划等基本内容。

1. 编制依据

(1)与工程建设有关的法律、法规和文件。

(2)国家现行有关标准和技术经济指标。

(3)工程所在地区行政主管部门批准的文件,建设单位对施工的要求。

(4)工程施工合同或招标、投标文件。

(5)工程设计文件。

(6)工程施工范围内的现场条件,工程地质及水文地质、气象等自然条件。

(7)与工程有关的资源供应情况。

(8)施工企业的生产能力、机具设备状况、技术水平等。

2. 工程概况

工程概况应包括:本项目的性质、规模、建设地点、结构特点、建设期限、分批交付使用的条件、合同条件;本地区地形、地质、水文和气象情况;施工环境及施工条件等。

3. 施工部署

施工部署是指对项目实施过程做出的统筹规划和全面安排,包括项目施工的主要目标、施工顺序及空间组织、施工组织安排等。施工部署是施工组织设计的纲领性内容,施工进度计划、施工准备与资源配置计划、施工方法、施工现场平面布置和主要施工管理计划等施工组织设计的组成内容都应该围绕施工部署的原则编制。

4. 施工进度计划

施工进度计划应按照施工部署的安排进行编制,施工进度计划反映了最佳施工方案在时间上的安排,施工进度计划可采用网络图或横道图表示,并附必要说明;对于工程规模较大或较复杂的工程,宜采用网络图表示。施工进度计划要保证拟建工程在规定的期限内完成,保证施工的连续性和均衡性,以节约施工费用。编制施工进度计划时,需依据建筑工程施工的客观规律和施工条件,参考工期定额,综合考虑资金、材料、设备、劳动力等资源的投入等。在工程施工进度计划执行过程中,由于各方面条件的变化经常使实际进度脱离原计划,这就需要施工管理者随时掌握工程施工进度,检查和分析进度计划的实施情况,及时进行必要的调整,保证施工进度总目标的完成。

5. 施工准备与资源配置计划

施工准备主要包括技术准备、现场准备和资金准备等,各项资源(人力、材料、施工机具等)配置计划应按照施工部署的总安排并结合施工进度计划编制。

6. 主要施工方法

按照不同类施工组织设计的编制要求对工程所采用的施工方法进行说明。

7. 施工现场平面布置

在施工用地范围内,对各项生产、生活设施及其他辅助设施等进行合理的规划和布置。施工现场就是建筑产品的组装厂,建筑工程和施工场地的千差万别,使得施工现场平面布置因人、因地而异。合理布置施工现场,对于保证工程施工顺利进行具有重要意义,施工现场平面布置应遵循方便、经济、高效、安全、环保、节能的原则。

8. 主要施工管理计划

主要施工管理计划包括工程质量保证措施、工期保证措施、降低工程成本措施、安全技术措施、环境保护措施、文明施工措施、冬雨季施工计划及措施,以及新技术、新材料、新工艺的应用等。

虽然一开始对施工组织设计的内容做了基本的规定,但其并不是一成不变的。在编制施工组织设计时,根据工程的具体情况,结合施工组织设计编制的广度和深度等,施工组织设计的内容可以添加或删减。

五、施工组织设计的编制和审批

1. 编制施工组织设计的基本原则

(1)认真贯彻和执行党和国家关于工程建设的程序,遵守现行有关法律、法规。

(2)符合施工合同或招标文件中有关工程进度、质量、安全、环境保护、造价等方面的要求,达到合理的经济技术指标。

(3)在选择施工方案时,应积极开发、使用新技术和新工艺,推广应用新材料和新设备。应注意结合工程特点和现场条件,使技术的先进适用性和经济合理性相结合,防止单纯追求先进而忽视经济效益的做法。施工方案的选择必须进行多种方案的比较,比较时应做到实事求是,在多个方案中选择最经济、最合理的方案。

(4)坚持科学的施工程序和合理的施工顺序,采用流水施工和网络计划等方法,实现均衡施工。

(5)科学配置资源,合理布置施工现场。通过技术经济比较,尽量利用当地资源,合理安排运输、装卸与存储作业,减少物资运输量,避免二次搬运。根据地区条件和构件条件,通过技术经济比较,恰当地选择预制方案或现场浇筑方案。确定预制方案时,应贯彻工厂预制与现场预制相结合的方针,努力提高建筑工业化程度,进而改善劳动条件,减轻劳动强度,提高劳动生产率,但不能盲目追求装配化程度的提高。进行施工现场布置时,应尽量利用已有设施,以减少各种临时设施的搭建,尽可能地节约施工用地,不占或少占农田。

(6)采取季节性施工措施。建筑施工周期长的工程项目,多属于露天作业,不可避免地会受到天气和季节的影响,主要是冬、雨季及夏季的影响,因此,如何克服季节性的特殊性对施工造成的不利影响至关重要。在安排进度时,应将受季节影响较大的施工项目安排在有利的天气进行;将受天气影响较小的项目安排在冬、雨季及夏季进行,同时要采取一定的措施,以保证季节性施

工的连续性以及施工质量、人身及财产等的安全。

（7）采取技术和管理措施，推广建筑节能和绿色施工。

（8）与质量、环境和职业健康安全三个管理体系有效结合。

2. 施工组织设计的编制和审批

在拟建工程中标后，施工单位必须结合工程特点等因素编制工程实施阶段的施工组织设计，施工组织设计应由项目负责人主持编制。

施工组织总设计应由总承包单位技术负责人审批，单位工程施工组织设计应由施工单位技术负责人或技术负责人授权的技术人员审批，施工方案应由项目技术负责人审批。重点、难点分部（分项）工程和专项工程施工方案应由施工单位技术部门组织相关专家评审，施工单位技术负责人批准。由专业承包单位施工的分部（分项）工程或专项工程的施工方案，应由专业承包单位技术负责人或技术负责人授权的技术人员审批，有总承包单位时，应由总承包单位项目技术负责人核准备案。规模较大的分部（分项）工程和专项工程的施工方案应按单位工程施工组织设计进行编制和审批。

有些分期分批建设的项目跨越时间很长，还有些项目的地基基础、主体结构、装修装饰和机电设备安装等工程并不是由一个总承包单位完成的，此外还有一些特殊情况的项目，在征得建设单位同意的情况下，施工组织设计可根据需要分阶段编制和审批。

六、施工组织设计的执行、检查与调整

1. 施工组织设计的执行

施工组织设计是针对具体工程在人力和物力、时间和空间、技术和组织等方面进行合理安排施工的指导性文件。这个文件的实际指导效果如何，必须通过实践去验证。施工组织设计执行的实质，就是把一个静态平衡方案，放到不断变化的施工过程中，考核其效果和检查其优劣，以达到预定的目标。为了充分发挥施工组织设计的指导性作用，保证施工活动的顺利进行，在施工组织设计执行前必须做好以下工作。

（1）做好施工组织设计的交底工作。

经过审核并批准的施工组织设计，在项目开工前应组织参与施工的各类人员召开施工组织设计的交底工作会议，详细地讲解其内容、要求和施工的关键与保证措施，以确保施工组织设计的顺利执行。

（2）制订有关贯彻施工组织设计的规章制度。

施工组织设计贯彻的顺利与否，主要取决于施工企业的管理素质和技术素质及经营管理水平。而体现企业素质和水平的标志，在于企业各项管理制度的健全与否。实践经验证明，只有施工企业有了科学的、健全的管理制度，企业的正常生产秩序才能维持，才能确保生产安全，保证工程质量，提高劳动生产率。为此必须建立、健全各项管理制度，以保证施工组织设计的顺利实施。

（3）推行项目经理责任制和技术经济承包责任制。

为了更好地贯彻施工组织设计，应该推行技术经济承包制度，把施工过程中的技术经济责任同职工的物质利益结合起来。例如，开展节约材料奖、技术进步奖、工期提前奖、优良工程综合奖等，这对于全面贯彻施工组织设计是十分必要的。

（4）切实做好施工准备工作，为施工组织设计的执行提供有利条件。

做好施工准备工作是保证工程顺利开工，以及开工后均衡和连续施工的重要前提，同时也是顺利地贯彻施工组织设计的重要保证。拟建工程项目不仅在开工之前要做好一切准备工作，而

且在施工过程中的不同阶段也要做好相应的施工准备工作,这对于施工组织设计的贯彻执行是非常重要的。

2. 施工组织设计的检查与调整

在施工组织设计执行的过程中,应按要求收集各种技术经济指标(如工程进度、工程质量、材料消耗、机械使用和成本费用等)的完成情况,并将其与计划规定的指标相对比。例如,实际执行与计划出现偏差,应及时做出判断,分析产生偏差的原因,并采取一定的措施加以纠正;如有必要,应对施工组织设计及时进行调整,以保证施工活动的有序开展。

知识拓展

施工组织设计应实行动态管理

(1)施工组织设计应随主客观条件的变化及时调整、修改不适用的内容。

(2)在项目施工过程中若发生如下情况之一时,施工组织设计应进行修改。

① 当工程设计图纸发生重大修改,如地基基础或主体结构的形式发生变化、装修材料或做法发生重大变化、机电设备系统发生大的调整等时,需要对施工组织设计进行修改;对于工程设计图纸的一般性修改,视变化情况对施工组织设计进行补充;对于工程设计图纸的细微修改或更正,施工组织设计则不需要调整。

② 当有关法律、法规、规范和标准开始实施或发生变更,并涉及工程的实施、检查或验收时,施工组织设计需要进行修改或补充。

③ 当主客观条件的变化,主要施工方法有重大变更,原来的施工组织设计已不能正确地指导施工时,需要对施工组织设计进行修改或补充。

④ 当主要施工资源的配置有重大变更,并且影响到施工方法的变化或对施工进度、质量、安全,环境、造价等造成潜在的重大影响时,需对施工组织设计进行修改或补充。

⑤ 当施工环境发生重大改变,如施工延期造成季节性施工方法变化,施工场地变化造成现场布置和施工方式改变等,致使原来的施工组织设计已不能正确地指导施工时,需对施工组织设计进行修改或补充。

经过修改或补充的施工组织设计原则上需经原审批级别单位重新审批。

1.4 建筑产品的特点与建筑施工的特点

按照设计意图,按照设计图纸上中的内容,在指定的地点,借助所需的各种资源,通过一系列生产活动生产出来的产品即为建筑产品。建筑产品及其生产过程与一般的工业产品相比,除了具备产品本身及其加工过程中共性的特点外,还有其独特的特点。

一、建筑产品的特点

1. 产品多数具备固定性

建筑产品均由自然地面以下的基础和自然地面以上的主体两部分组成。通常情况下,建筑产品均是在事先选定好的地点上建造的,整个建造过程直接与地基基础连接,与所处的地点几乎是不可分割的。产品建造完成后通常也是在固定地点使用的,一般不移动。因此,建筑产品的建

造和使用地点在空间上基本是固定的,这也是其区别于一般工业产品的明显特征。

2. 产品的多样性

建筑产品不仅要满足不同用户的各种使用功能方面的要求,同时还应体现所处区域的地方特点、民族风格等。此外,出于不同用户的特点及自身的需求,建筑产品的规模、结构类型、设计与装饰风格等也不尽相同,即使是同一类型的建筑物,也因其所在地点的自然条件、经济及环境等条件的不同而彼此有所不同。

3. 产品体形庞大及结构复杂性

与常见的工业产品相比,建筑产品的体形通常是相当庞大且结构也是比较复杂的。所有建筑产品,都是为了满足人们的日常生活和生产活动所需的空间或为了满足特定的使用要求,借助大量的物质资源建造而成的,占据了比较大的平面与立体空间。尤其是随着社会经济、科技等的发展,越来越多的体形庞大、结构复杂的建筑产品不断涌现。

4. 产品的综合性

建筑产品是一个完整而且综合多种技术成就及设施的实物体系,不仅综合了土建工程的建筑功能、结构构造、设计与装饰风格等反映当今先进的多种技术成就,而且是各种工艺设备、给排水、供暖通风、供配电、网络通信、安全监控等设施组成的综合体。

二、建筑施工的特点

建筑施工的特点主要由建筑产品的特点所决定,由于建筑产品的固定性、类型的多样性和体形庞大等特点,决定了建筑产品施工的特点与一般工业产品生产的特点相比较具有自身的特殊性。其具体特点如下。

1. 建筑施工的流动性

建筑产品建造地点的固定性决定了建筑施工的流动性。一般的工业产品都在固定的工厂、车间内进行生产,生产设备及生产者往往是固定的,产品按照生产工序在流水线上流动,直到最终产品形成。而建筑产品正好相反,建筑产品相对是固定的,生产人员要围绕着它上上下下地进行生产活动,这就形成了在有限的场地上集中了大量的操作人员、施工机具、设备零部件和建筑材料等。在一个工程的施工过程中,施工人员应随施工部位、楼层进行转移,将各种机械、电气等设备随着施工部位的不同而沿着施工对象上下左右移动。

2. 建筑施工的单件性

建筑产品建造地点的固定性和类型的多样性决定了产品生产的单件性。一般的工业产品是在一定的时期里,按照一定的工艺流程进行批量生产;而具体的一个建筑产品则是在国家或地区的统一规划下,根据建设者的使用功能,在选定的地点上单独设计和单独施工。即使是选用的是标准设计、通用构件或配件,由于建筑产品所在地区的自然、技术、经济条件等不同,建筑产品的结构或构造、施工工艺和方法、施工组织等也会有所不同,从而使建筑施工具有单件性。

3. 建筑施工周期长

建筑产品的固定性、体形庞大及结构复杂性等特点决定了建筑施工周期较长的特性。建筑产品体形庞大,使得最终建筑产品的建成必然耗费大量的人力、物力和财力。同时,建筑施工全过程还会受到工艺流程和生产程序的制约,使各专业、工种间必须按照合理的施工顺序进行配合和衔接。又由于建筑产品地点固定,因此,施工活动的空间具有局限性,从而导致了建筑施工周期较长。

4．建筑施工露天作业多

建筑产品地点的固定性和体形庞大的特点，决定了建筑施工露天作业较多。一栋建筑物从基础、主体结构、屋面工程到室外装修等，露天作业占整个工程的比重很大。因为形体庞大的建筑产品不可能像其他工业产品一样在工厂、车间内直接进行施工，即使建筑施工达到了高度的工业化水平的时候，也只能在工厂内生产其部分构件或配件，大部分土建施工以及最终建筑产品的形成仍然需要在施工现场进行。

5．建筑施工高空作业多

建筑产品体形庞大决定了建筑施工具有高空作业较多的特点。尤其是随着我国经济、施工技术的不断发展，以及施工工艺的不断改进，高层和超高层建筑物的施工任务日益增多，使得建筑施工高空作业多的特点日益明显，同时也增加了施工作业环境的不安全因素。

6．建筑施工组织协作复杂

建筑施工涉及的知识面较广，就施工企业内部而言，涉及力学、结构、水暖电、机械设备、建筑材料和施工技术等不同专业知识，并且需要结合工程特点，科学安排、合理组织多工种专业人员进行施工生产。从施工企业的外部来看，必须得到勘察设计、交通运输、消防、质量监督、环境保护、电、水、热、气的供应，以及劳务等社会各部门和各领域的协作配合。只有将以上因素综合兼顾，才能保证施工活动的正常进行，以及最终形成产品。

7．手工作业仍然较多，劳动强度比较大

建筑业是劳动密集型的传统行业之一。随着我国社会、经济等不断地发展，施工技术的进步以及施工工艺的不断改进，建筑业也有了很大的发展，建筑施工的机械化程度有了明显的提高，但是还有许多工种的工作，如抹灰工、架子工、混凝土工、管工、木工等都仍以手工操作为主或手工协助完成，劳动强度还是很大的。

复习思考题1

一、填空题

1．根据施工组织设计编制对象的不同，施工组织设计一般可分为 ＿＿＿＿＿＿＿＿＿＿＿＿、＿＿＿＿＿＿＿＿＿＿ 和 ＿＿＿＿＿＿＿＿＿＿＿＿＿。

2．建设项目一般可分解为 ＿＿＿＿＿、＿＿＿＿＿、＿＿＿＿＿、＿＿＿＿＿ 和 ＿＿＿＿＿。

3．施工组织设计应由 ＿＿＿＿＿＿＿＿ 主持编制。

4．施工组织总设计应由 ＿＿＿＿＿＿＿＿＿＿ 审批，单位工程施工组织设计应由 ＿＿＿＿＿＿＿＿＿＿＿ 审批，施工方案应由 ＿＿＿＿＿＿＿＿＿＿＿ 审批。

5．施工项目管理的主要目标包括 ＿＿＿＿＿、＿＿＿＿＿ 和 ＿＿＿＿＿。

二、简答题

1．标前和标后施工组织设计的主要区别有哪些？

2．建设项目的建设程序通常包括哪几个阶段？

3．施工组织设计的基本内容一般包含哪些？

4．编制施工组织设计的基本原则有哪些？

5．施工项目管理的主要任务包括哪些？

6. 建筑产品及建筑施工的特点有哪些?

7. 常用的组织结构形式包括哪几种,有何区别?

三、选择题

1. 施工组织设计是用于指导项目进行(   )的全面性技术经济文件。

A. 施工准备   B. 正常施工   C. 招标   D. 施工准备和正常施工

Chapter 2

项目 2　施工准备工作

学习目标

1. 知识目标
(1) 了解施工准备的重要性。
(2) 掌握施工准备工作的分类方法。
(3) 掌握施工准备工作的具体内容。
(4) 熟悉施工准备工作计划与开工报告的编制方法。
2. 技能目标
(1) 掌握施工准备工作的具体要求。
(2) 知道施工准备工作的内容,并且能够结合实际按要求组织做好各项施工准备工作。

◈ 引例导入

某城市商业综合体项目,建设单位已通过招标选定了施工单位,双方已签订了施工合同。建设单位已按合同中约定的条款完成了相应的施工准备工作。那么,为保证项目施工活动的正常开展,施工单位应该做哪些施工准备工作?

2.1 概述

施工准备工作是项目基本建设工作的主要内容,是建设工程项目全寿命周期中非常重要的阶段。施工准备工作是为保证工程顺利开工和各项施工活动正常进行而必须事先做好的各项工作。施工准备工作不是一次性完成的,而是分阶段进行的。工程开工以前的准备工作比较集中,并且非常重要,随着工程的逐步进展,各个施工阶段、各分部分项工程及各工种施工前,也都有相应的准备工作需要做。因此,施工准备工作不仅存在于工程开工前,而且贯穿于整个工程建设的全过程。

一、施工准备工作的重要性

俗话说:"万事开头难"。所有的建筑工程施工都是一项繁杂的组织和实施过程,特别是在建筑工程施工前,需要做的准备工作很多,并且困难重重。因此,各施工单位应认真做好施工前的准备工作,提高建筑工程施工的计划性、预见性和科学性,这是保证建筑质量,加快工程进度,降低施工成本,确保顺利竣工的极为重要环节。

施工准备工作的基本任务是,为拟建工程的施工建立必要的技术和物质条件,统筹安排施工力量和施工现场。施工准备工作是施工程序中的重要一环。近年来,随着社会经济的不断发展,工程项目的建设规模越来越大,建筑产品的结构日趋复杂,施工过程中涉及的面也越来越广泛,为了保证施工活动能够安全、有序地进行,做好施工准备工作就显得尤为重要,其重要性可大致概括如下。

(1)做好施工准备工作是全面完成施工任务的必要条件。

(2)做好施工准备工作是遵循建设项目建设程序的重要体现。

(3)做好施工准备工作是降低工程成本,提高企业经济效益的有力保证。

(4)做好施工准备工作是取得施工主动权,降低施工风险的有力保障。

大量工程实践证明,凡是重视施工准备工作,认真细致地做好施工准备工作,积极为拟建工程项目创造一切良好的施工条件者,其工程的施工就会顺利地进行;否则,工作就会处于被动,给工程的施工带来一系列的麻烦和损失,甚至给工程施工带来灾难,其后果不堪设想。

二、施工准备工作的分类

1. 按工程项目施工准备工作的范围不同分类

按工程项目施工准备工作的范围不同,施工准备工作一般可分为全场性施工准备、单位工程施工条件准备和分部(项)工程作业条件准备等三种。

1)施工总准备

施工总准备(全场性施工准备)是以整个建设项目为对象而进行的各项施工准备工作。其特点是它的施工准备工作的目的、内容都是为全场性施工服务的,它不仅要为全场性的施工活动创造有利条件,而且要兼顾单位工程施工条件的准备。

2)单项(单位)工程施工条件准备

单项(单位)工程施工条件准备是以单项(单位)工程为对象而进行的施工条件准备工作。其特点是它的准备工作的目的、内容都是为单项(单位)工程的顺利施工创造有利条件,它不仅为该单项(单位)工程在开工前做好一切准备,而且要为分部分项工程做好施工准备工作。

3)分部(项)工程作业条件准备

分部分项工程作业条件的准备是以一个分部分项工程为对象而进行的作业条件准备工作。

2. 按拟建工程所处的施工阶段的不同分类

按拟建工程所处的施工阶段不同,施工准备工作一般可分为开工前的施工准备和各施工阶段前的施工准备等两种。

1)开工前的施工准备

开工前的施工准备是指在拟建工程正式开工之前所进行的一切施工准备工作。其目的是为拟建工程正式开工创造必要的施工条件。它既可能是全场性的施工准备,又可能是单项(单位)工程施工条件的准备。

2)各施工阶段前的施工准备

各施工阶段前的施工准备是指在拟建工程开工之后,每个施工阶段正式开工之前所进行的一切施工准备工作。其目的是为各施工阶段正式开工创造必要的施工条件。例如,室外排水管道工程施工,一般可分为开挖沟槽、做基础、管道安装、质量检查以及土方回填等施工阶段,在不同的施工阶段开工前,需做好对应的准备工作;另外,不同施工阶段的施工工艺、所需要的技术条件、物资条件、组织要求和现场布置等方面不同,对应施工阶段的施工准备工作内容也有一定的差异。总之,在每个施工阶段开工之前,都必须做好相应的施工准备工作,以保证不同施工阶段施工活动的顺利进行。

3. 按施工准备工作的主体分类

按照施工准备工作主体的不同分类,施工准备工作一般分为建设单位(业主)的施工准备和施工单位(承包商)的施工准备等两类。

综上所述,不仅在拟建工程开工之前需要做好施工准备工作,而且随着工程施工的进展,在各施工阶段开工之前也要做好相应的施工准备工作。施工准备工作既要有阶段性,又要有连贯性,因此施工准备工作必须有计划、有步骤、分阶段地进行,要贯穿于拟建工程整个生产过程的始终。

三、施工准备工作的内容

工程项目施工准备工作涉及的面较广、内容较多,并且不同工程由于其自身特点等的不同,施工准备工作的内容也有差异,工程项目施工准备工作的主要内容一般可归纳为以下几方面:原始资料的调查与收集、技术资料准备、资源准备、施工现场准备以及季节性施工准备等。

四、施工准备工作的基本要求

1)施工准备工作应有组织、有计划、分阶段、有步骤地进行

(1)建立施工准备工作的组织机构,明确相应管理人员。

(2)编制好施工准备工作计划表,保证施工准备工作按计划落实。施工准备的工作计划表如表 2-1 所示。

表 2-1　施工准备工作计划表

序号	项目	施工准备工作内容	要求	负责单位	负责人	配合单位	起 止 时 间		备　注
							年　月　日	年　月　日	
1									
2									
3									

(3)施工准备工作应视工程的具体情况分阶段、有步骤地进行。例如,室外排水管道工程施工,一般可分为开挖沟槽、做基础、管道安装、质量检查以及土方回填等施工阶段,在进行施工准备时按不同的施工阶段分步进行。

2)建立严格的施工准备工作责任制及相应的检查制度

施工准备工作涉及的项目较多,范围较广,时间较长,故施工准备工作必须有严格的责任制,使各项施工准备工作得以真正落实。在编制了施工准备工作计划以后,就要按计划将责任明确

到有关部门或具体负责人,以便按计划要求的内容及完成时间进行工作。项目经理全权负责某个项目的施工准备工作,对施工准备工作进行统一部署,协调各方关系,以使其按施工准备工作计划按时完成施工准备工作的各项内容。

在施工准备工作实施的过程中,应定期检查,目的在于督促将检查中发现问题及时解决,在施工准备工作实施的过程中,应定期进行检查,可按周、半月、月度进行检查。检查的目的是观察施工准备工作计划的执行情况,如果没有完成计划要求,应进行分析,找出原因,排除障碍,加快施工准备工作进度或调整施工准备工作计划,把工作落实到实处。

3)严格按照项目的基本建设程序办事,执行开工报告制度

当施工准备工作的各项内容完成后,满足开工条件时,项目经理部应向监理工程师报送开工报审表及开工报告等有关的资料,由总监理工程师签发,并报建设单位后,在规定的时间内开工。

4)施工准备工作必须贯穿于施工过程的始终

工程开工后,应随时做好作业条件的施工准备工作。施工能否顺利进行,与施工准备工作的及时性和完善性有着密不可分的关系。因此,企业各职能部门要面向施工现场,像重视施工活动一样重视施工准备工作,及时解决施工准备工作中的技术、供应、资金、管理等各种问题,以提供工程施工的保证条件。施工经理应抓好施工准备工作,加强施工准备工作的计划性,及时做好协调、平衡工作。

5)施工准备工作必须取得各协作相关单位的支持与配合

施工准备工作涉及的面很广,除了施工单位的自身努力外,还必须取得建设单位、设计单位、监理单位、交通运输单位、资源供应部门、各行政主管部门及服务部门等的大力支持与配合,才能使各项施工准备工作深入有效地实施,从而保证整个施工过程的顺利进行。

2.2 原始资料的调查与收集

原始资料的调查与收集是施工准备工作的重要内容之一,尤其是当施工企业进入一个新的地区,由于对地区的技术经济条件、施工所处区域的特征以及当地的社会情况等往往不太熟悉,此项工作就显得尤为重要。另外,为了编制符合实际、切实可行、高质量的施工组织设计,必须做好调查研究,了解当地的实际情况。原始资料的调查与收集的主要包括建设地区自然条件的调查、建设地区技术经济条件的调查以及参考资料的收集。

一、建设地区自然条件的调查

建设地区自然条件调查分析的主要内容包括地区的气象资料、工程地质地形条件、工程水文资料以及施工所处区域的周围环境及障碍物等,调查的详细内容可归纳如下。

1. 气象

气象资料调查主要包括当地的气温、降雨及风三项指标,不同指标对应的调查内容及调查的目的如表 2-2 所示,该资料主要由当地的气象部门提供。

2. 工程地形、地质

摸清施工区域的地形、地质条件,这对整个施工方案的制订具有十分重要的指导作用,其调

查的主要内容及调查的目的如表 2-3 所示。

表 2-2　气象资料调查表

序号	项目	调查内容	调查目的
1	气温	(1)全年、各月的平均温度； (2)最高与最低温度以及对应的月份； (3)冬、夏季室外计算温度	(1)制订防暑降温的措施； (2)确定冬季施工措施； (3)估算全年正常施工天数
2	降雨	(1)雨季起止时间； (2)全年各月平均降水量； (3)全年雷暴天数； (4)日最大降水量	(1)制订雨期施工措施； (2)确定工地排水、预洪方案； (3)确定工地防雷设施； (4)估算雨天天数
3	风	(1)主导风向及频率(风玫瑰图)； (2)不小于8级风的全年天数、时间	(1)确定临时设施的布置方案； (2)确定高空作业及吊装的技术安全措施

表 2-3　工程地形、地质条件调查表

序号	项目	调查内容	调查目的
1	地形	(1)区域地形图； (2)工程所处位置地形图； (3)建设地区城市规划图； (4)控制桩、水准点的位置； (5)工程所处位置地形特征	(1)选择施工用地； (2)合理布置施工现场总平面图； (3)便于场地平整及土方量计算； (4)摸清施工现场障碍物及数量
2	地质	(1)钻孔布置图； (2)地质剖面图,包括土层类型、厚度； (3)物理力学指标,包括天然含水量、孔隙率、塑性指数、渗透系数、压缩试验及地基土强度； (4)土质的稳定性,包括滑坡、流沙； (5)地基土破坏情况,钻井、古墓、防空洞及地下构筑物分布； (6)软弱土、膨胀土、湿陷性黄土分布情况以及最大冻结深度	(1)土方施工方法的选择； (2)地基处理方法的确定； (3)基坑(槽)开挖方案的设计； (4)基础及地下结构施工方法； (5)拟定障碍物的拆除方案
3	地震	地震等级及烈度大小	确定对地基、结构的影响,制订施工注意事项

3. 水文地质

工程水文地质条件调查的主要内容及调查的目的如表 2-4 所示。

4. 周围环境及障碍物

施工区域周围环境及障碍物调查的主要内容及调查的目的如表 2-5 所示。

表 2-4　工程水文地质条件调查表

序号	项目	调查内容	调查目的
1	地下水	(1)最高、最低水位及时间； (2)水流方向、流速及流量； (3)水质分析及水的化学成分； (4)抽水试验测定水量	(1)选择基础施工方案； (2)确定施工排降水方法； (3)判定侵蚀性介质及施工注意事项； (4)分析施工使用地下水的可能性； (5)便于取水工程施工
2	地面水	(1)临近的江河、湖泊等水源距施工所处位置的距离； (2)水流方向、流速及流量； (3)水质分析以及水的化学成分； (4)抽水试验、测定水量	(1)分析施工使用地面水的可能性； (2)确定临时给水方案； (3)确定工地防洪方案

表 2-5　施工区域周围环境及障碍物调查表

序号	项目	调查内容	调查目的
1	周围环境及障碍物	(1)施工区域现有建筑物、构筑物、沟渠、水井、树木、土堆、电力架空线路、地下沟道、人防工程、上下水管道、埋地电缆、煤气及天然气管道、地下杂填坑、枯井等； (2)临近施工区域现有的建筑物、构筑物等及其坚固程度，临近的名木、古树等	(1)及时拆除； (2)便于合理布置施工平面图； (3)做好保护工作

二、建设地区技术经济条件调查

建设地区技术经济条件的调查分析的主要内容包括：①各施工单位的具体情况；②当地可利用的地方材料状况；③地方能源和交通运输状况；④地方劳动力的技术水平状况；⑤当地生活供应、教育和医疗卫生状况；⑥当地消防、治安状况等。详细内容可归纳如下。

1. 地方建筑材料及构件生产企业的调查

地方建筑材料及构件生产企业基本情况调查的主要内容如表 2-6 所示。

表 2-6　地方建筑材料及构件生产企业基本情况调查表

序号	企业名称	产品名称	规格质量	生产能力	供应能力	出厂价格	运输距离	运输方式	单位产品运价	备注
1										
2										

2. 地方资源情况调查

地方资源情况调查的主要内容如表 2-7 所示。

表 2-7　地方资源情况调查表

序号	材料名称	产地	储存量	质量	开采量	出厂价	运输距离	运费	单位产品运价	供应的可能性
1										
2										

3. 地区交通运输条件调查

建筑施工中,常用的交通运输方式有公路、铁路和航运等三种,三种不同运输方式对应调查的主要内容的相关资料主要由当地的公路、铁路及航运管理部门提供,主要用于确定施工所需材料和设备运输方式,进而制定施工运输计划,如表 2-8 所示。

表 2-8　地区交通运输条件调查表

序号	项目	调查内容	调查目的
1	公路	(1)主要材料产地至工地的公路等级,路面构造宽度及完好情况,允许最大载重量,途经桥涵等级,允许最大载重量; (2)当地专业运输机构及其附近村镇能提供的装卸、运输能力,汽车、畜力、人力车的数量及运输效率,运费、装卸费; (3)当地有无汽车修配厂,修配能力以及至工地距离、路况; (4)沿途架空电线高度	(1)选择施工运输方式; (2)拟定施工运输计划
2	铁路	(1)邻近铁路专用线、车站至工地的距离及沿途运输条件; (2)站场卸货长度,起重能力和储存能力; (3)装载单个货物的最大尺寸、重量的限制; (4)运费、装卸费和装卸力量	
3	航运	(1)货源、工地至邻近河流、码头渡口的距离,道路情况; (2)洪水、平水、枯水期时,通航的最大船只及号位,取得船只的可能性; (3)码头装卸能力,最大起重量,增设码头的可能性; (4)渡口的渡船能力,同时可载汽车、马车数,每日次数,能为施工提供的能力; (5)运费、渡口费、装卸费	

4. 地区给排水、供电与通信、供气等的调查

水、电与气是建筑施工中不可缺少的资源,相应的调查内容及调查目的如表 2-9 所示。

表 2-9　地区水、电、气条件调查表

序号	项目	调查内容	调查目的
1	给水排水	(1)工地用水与当地现有水源连接的可能性、可供水量、接管地点、管径、材料、埋深、水压、水质及水费，与工地的距离，沿途地形、地物状况； (2)自选临时江河水源的水质、水量，取水方式，与工地的距离，沿途地形、地物状况，自选临时水井的位置、深度、管径、出水量和水质； (3)利用永久性排水设施的可能性，施工排水的去向、距离和坡度，有无洪水影响，现有防洪设施状况	(1)通过经济比较确定施工及生活给水方案； (2)确定工地排水方案和防洪设施； (3)拟订供排水设施的施工进度计划
2	供电通信	(1)当地电源位置，引入的可能性，可供电的容量、电源、导线截面和电费，引入方向，接线地点及其与工地的距离，沿途地形、地物的状况； (2)建设单位和施工单位自有的发、变电设备的型号、台数和容量； (3)利用临近电信设施的可能性，增设电话设备和计算机等自动化办公设备和线路的可能性	(1)确定施工供电方案； (2)确定施工通信方案； (3)拟定供电、通信等设备的施工进度计划
3	供气	(1)蒸汽来源，可供蒸汽量，接管地点，管径、埋深，与工地的距离，沿途地形、地物状况，蒸汽价格； (2)建设、施工单位自有锅炉的型号、台数和能力，所需燃料、水质标准以及投资费用； (3)当地或建设单位可能提供的压缩空气、氧气的能力，与工地的距离	(1)确定施工及生活用气的方案； (2)确定压缩空气、氧气的供应计划

5. 地区社会劳动力和生活条件调查

建筑施工活动是劳动密集型的生产活动，作为建筑施工企业，为了取得更大的经济效益，当地的社会劳动力往往是其召集施工劳动力的主要来源。地区社会劳动力和生活条件调查的主要内容及调查目的如表 2-10 所示，摸清相关信息可为施工企业安排劳动力计划、布置施工现场临时设施提供依据。

表 2-10　地区社会劳动力和生活条件调查表

序号	项目	调查内容	调查目的
1	社会劳动力	(1)少数民族地区的风俗习惯； (2)当地能提供的劳动力人数，技术水平和来源； (3)上述人员的生活安排	(1)拟定劳动力计划； (2)安排临时设施

序号	项目	调查内容	调查目的
2	周围房屋设施	(1)必须在工地居住的单身人数和户数; (2)能作为施工用的现有的房屋栋数,每栋面积,结构特征,总面积、位置,水、暖、电、卫的设备状况; (3)上述建筑物的适宜用途,用于宿舍、食堂、办公室的可能性	(1)确定现有房屋为施工服务的可能性; (2)安排临时设施
3	周围生活服务	(1)主副食品供应,日用品供应,文化教育,消防治安等机构为施工提供的支援能力; (2)邻近医疗单位与工地的距离,可能就医的情况; (3)当地公共汽车、邮电服务情况; (4)周围是否存在有害气体、污染情况,有无地方病	安排职工生活基地,解除后顾之忧

6. 各施工单位情况的调查

各施工单位情况调查的主要内容及目的如表 2-11 所示。

表 2-11　各施工单位情况调查表

序号	项目	调查内容	调查目的
1	管理人员	(1)管理人员总数,各种人员人数及所占比例; (2)工程专业技术人员的人数,专业情况、技术职称	(1)了解施工单位的技术及管理水平; (2)明确施工力量; (3)规划分配施工任务; (4)选择施工单位; (5)为编制施工组织设计提供依据
2	施工人员(工人)	(1)工人的总数、各专业工种的人数、能投入本工程的人数; (2)专业分工及一专多能的情况; (3)工人的技术水平及技术等级	
3	施工机械	(1)机械名称、型号、规格、台数及其新旧程度、能投入本工程的台数; (2)设备的总装配程度、技术装备率和动力装备率; (3)拟增购的施工机械明细表	
4	施工经验	(1)曾经施工过的主要工程项目(规模、结构、工期等); (2)习惯采用的施工方法,曾采用过的先进施工方法; (3)科研成果和技术更新情况	
5	主要指标	(1)安全指标:安全事故频率; (2)质量指标:产品优良率及合格率; (3)劳动生产率指标:产值、产量、全员建安劳动生产率; (4)利润成本指标:产值、资金利用率、降低成本情况; (5)机械化程度、设备完好率、利用率和效率	

三、参考资料的收集

在编制施工组织设计时,为了弥补原始资料的不足,还要借助一些相关的参考资料作为编制的依据。所以,在原始资料调查与收集中,除了做好建设地区自然条件与技术经济条件资料的调查与收集外,还应切实做好与施工有关参考资料的收集工作,以保证在施工组织设计的编制过程中,各项内容更加完善、可行。常用的施工参考资料主要包括:可利用的现有施工定额、施工手册;建筑施工常用数据手册、施工规范;相类似工程的施工组织设计实例以及平时施工所获得的实践经验等。

2.3 技术资料准备 ·······································

技术资料准备也就是通常所说的室内准备,即内业准备,该项工作是施工准备的核心,是保证施工正常进行及建筑产品形成的基础,由于任何技术上的差错或隐患都可能导致人身安全和质量事故,造成生命、财产和经济的巨大损失,因此必须认真地做好技术资料准备工作。技术资料准备的主要内容包括:熟悉和审查设计图纸、编制中标后的施工组织设计及编制施工图预算和施工预算。

一、熟悉和审查设计图纸

1. 熟悉图纸

施工单位收到拟建工程的设计图纸和有关技术文件后,负责该工程的项目经理部组织有关工程技术人员认真熟悉图纸,明确设计意图。在熟悉图纸的过程中,发现问题应做出标记和记录,以便在图纸会审时提出。

2. 自审图纸

施工单位负责该工程的项目经理部组织有关的工程技术人员对其相应工种的有关图纸进行全面审查,了解和掌握图纸中的细节,在此基础上,总承包单位与外分包单位共同核对图纸中的差错,对设计图纸存在的疑问以及对设计图纸的有关建议进行记录。

3. 图纸会审

图纸会审是指工程各参建单位(包括建设单位、监理单位、施工单位等)在收到设计单位施工图设计文件后,对图纸进行全面细致的熟悉与审查,审查施工图中是否存在问题及不合理情况,若有则提交设计单位进行处理的一项重要活动。

图纸会审由建设单位组织和主持会议,并做好会议记录,设计单位、施工单位、监理单位参加会议。对于重点工程,如有必要可邀请各主管部门参加,共同商讨。图纸会审的主要内容包括以下几项。

(1)图纸设计是否符合国家有关技术规范,并且是否符合经济合理、美观适用的原则。

(2)图纸及说明是否完整、齐全、清楚,图中的尺寸、标高是否准确,图纸与说明之间是否存在矛盾。

（3）设计中的地震烈度设防是否符合当地要求。

（4）施工单位在技术上有无困难，能否确保质量和安全。

（5）地下与地上、土建与安装、结构与装饰是否有矛盾，各种设备管道的布置对土建施工是否有影响。

（6）各种材料、配件、构件等采购供应是否有问题，其规格、性质、质量等能否满足设计要求。

（7）地基处理及基础设计有无问题。

图纸会审时，设计单位应进行图纸技术交底，施工单位在前期熟悉和自审图纸的基础上，提出施工图纸中存在的疑点或其他问题，与会其他单位发表意见，进行讨论，逐步解决已设计好的图纸中存在的问题，并形成一致意见。组织图纸会审的单位将各参会单位商讨后的一致意见汇总成文，各单位签发，形成图纸会审纪要，如表 2-12 所示。图纸会审纪要是与施工图纸具有同等法律效力的技术性文件，可供指导施工使用，是建设单位与施工单位进行工程结算的依据。

图纸会审可以使各参建单位特别是施工单位熟悉设计图纸、领会设计意图、掌握工程特点及难点，找出需要解决的技术难题并拟定解决方案，从而将因设计缺陷而存在的问题在施工之前消除。

表 2-12　图纸会审纪要

编号：

工程名称			共　页　第　页		
会审地点		记录整理人		日期	
参加人员	建设单位				
	监理单位				
	设计单位				
	施工单位				
序号	提出图纸问题		图纸修订结果		
1					
2					
3					
技术负责人： 建设单位（盖章）：		技术负责人： 监理单位（盖章）：	技术负责人： 设计单位（盖章）：		技术负责人： 施工单位（盖章）：

4. 设计图纸的现场签证

在拟建工程施工的过程中，如果发现施工的条件与设计图纸的条件不符，或者发现图纸中仍然有错误，或者因为材料的规格、质量不能满足设计要求，或者因为施工单位提出了合理化建议，需要对设计图纸进行及时修订，则应遵循技术核定和设计变更的签证制度，进行图纸的施工现场签证。如果设计变更的内容对拟建工程的规模、投资影响较大，则还需要报请项目的原批准单位批准。在施工现场的图纸修改、技术核定和设计变更资料，都要有正式的文字记录，归入拟建工程施工档案，作为指导施工、竣工验收和工程结算的依据。

二、编制中标后的施工组织设计

编制施工组织设计是施工准备工作的重要组成部分,施工组织设计是指导施工现场全部生产活动的技术经济文件。建筑施工生产活动的全过程是非常复杂的,为了正确处理人与物、主体与辅助、工艺与设备、专业与协作、供应与消耗、生产与储存、使用与维修以及它们在空间布置、时间排列之间的关系,中标后施工单位在投标时已编制好的施工组织设计的基础上,根据拟建工程的规模、结构特点和建设单位的要求,在原始资料调查分析的基础上,根据图纸会审纪要的具体内容,按照编制施工组织设计的基本原则,为保证整个施工活动的顺利完成而要对原施工组织设计再进行编制。

由于建筑产品的多样性、建筑产品生产的地区性等特点,建筑工程没有一个通用定型的、一成不变的施工组织方法,所以每个建筑工程项目都需要分别确定施工组织方法,也就是分别编制施工组织设计作为组织和指导施工的重要依据。

施工单位必须在规定的时间内完成施工组织设计的编制工作,编制完成后报送项目监理机构。总监理工程师在约定的时间内,组织各专业监理工程师对施工组织设计进行审查。如果经审查,施工组织设计编写符合要求,由总监理工程师批准,项目监理机构将审定批准后的施工组织设计报送建设单位;如果经审查,施工组织设计编写不符合要求,需要施工单位修改,则由总监理工程师签发书面意见,退回施工单位修改后再报审,总监理工程师组织各专业监理工程师再重新审定,直到符合要求为止。

施工单位应按照审定批准的施工组织设计组织施工,施工过程中如需对内容进行变更,应在施工前将变更内容以书面形式报送项目监理机构,并重新审定。

三、编制施工图预算和施工预算

施工图预算是按照施工图确定的工程量、施工组织设计所拟定的施工方法、建筑工程预算定额及其取费标准,由施工单位编制的确定建筑安装工程造价的经济文件,它是施工企业签订工程承包合同、工程结算、银行拨付工程价款、进行成本核算、加强经营管理等方面工作的重要依据。

施工预算是根据施工图预算、施工图纸、施工组织设计或施工方案、施工定额等文件进行编制的企业内部经济文件。施工预算直接受施工图预算的控制。它是施工企业内部控制各项成本支出、考核用工、进行经济核算的依据。

施工图预算是甲乙双方确定预算造价、发生经济联系的技术经济文件;而施工预算是施工企业内部控制各项成本支出、进行经济核算的依据。在施工过程中,应按照施工预算严格控制各项指标,以降低工程成本。

2.4 资源准备 ······

施工资源按其内容不同,可分为人力资源、物资资源、资金资源和技术资源等。

一、人力资源准备

人力资源是工程施工得以正常进行的首要资源,是施工资源准备的首要内容。一项工程的施工能否顺利进行,以及任务完成的好坏,在很大程度上取决于承担该项目的人员的素质。施工现场的人员主要包括组织施工的施工管理人员和承担施工任务的具体操作者(施工队伍)两大类,这些人员的选择和组合是否合理,将直接关系和影响到施工安全、工程质量、施工进度及工程成本等。因此,人力资源准备是开工前施工准备的一项重要内容。

1. 施工管理人员准备

1) 施工项目经理的确定

(1) 施工项目经理的含义。

施工项目经理是建筑企业法定代表人在建设工程项目上的授权委托代理人,对项目实施全过程、全面管理。大中型项目的项目经理必须取得工程建设类相应专业注册执业资格证书。

(2) 施工项目经理的地位。

施工项目经理是施工企业的宝贵资源,是高层次复合型人才,施工项目经理是决定施工项目组织与管理成败的关键人物,是施工项目实施阶段全面负责的管理者。施工项目经理是一种工作岗位,是施工项目管理的中心,具有举足轻重的地位。

① 施工项目经理是施工项目目标的全面实现者,是施工项目实施过程中所有工作的负责人。负责施工项目生产要素的合理投入、优化组合与动态管理,负责施工生产活动,实现施工项目目标,从而使企业获得经济效益。

② 施工项目经理是协调各方关系的纽带。在施工活动进行过程中,施工项目经理代表企业协调与业主、监理单位、政府建设主管部门之间的关系,处理合同纠纷,使之相互紧密配合与协作,保证施工活动的正常有序进行。

③ 施工项目经理是各种信息的集散中心。在施工活动进行的过程中,通过各种渠道而来的信息,都要汇集到施工项目经理处,而施工项目经理又要通过指令、计划和协议等对各单位、各部门发布信息,对上级反馈信息,通过信息的集散做好项目管理工作。

(3) 施工项目经理的素质要求。

① 具有符合项目管理要求的能力,善于进行组织协调与沟通。

② 具有相应的项目管理经验和业绩。

③ 具有项目管理需要的专业技术、管理、经济、法律和法规知识。

④ 具有良好的职业道德和团队协作精神,遵纪守法、爱岗敬业、诚信尽责。

⑤ 身体健康。

(4) 施工项目经理的能力要求。

① 组织领导能力。

施工项目经理是项目实施的最高领导者、组织者、责任者,在项目管理中起到决定性的作用。项目经理必须善于用人,能够团结人,凝聚人心。在组织决策中,不应把信任建立在地位所带来的权威之上,而应靠自身的感染力来影响大家,坚定大家的信念。一个施工项目能否干好、干得出色,决定因素是人。

② 决策能力。

施工项目经理必须具有较强的决策能力,能够在项目管理过程中针对具体的问题做出正确的分析和判断并果断予以决策。

③ 沟通协调能力。

在项目管理过程中,项目经理应沟通协调好各方面关系。一个方面,项目经理应与项目业主、监理、设计、当地政府有关部门、公司上层管理者以及相关部门建立良好的关系;另一方面,项

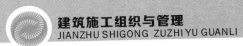

目经理应经常与项目管理团队成员进行沟通交流,以增进了解,形成良好的内部工作氛围。

④ 人员开发能力。

施工项目部是一个由有许多员工组成的一个组织团队,项目经理应是团队的组建者、信念的传播者。施工项目经理在完成日常项目管理任务的同时,还应对项目团队成员进行训练和培养,使他们通过参与项目提升自身的价值。

2)施工项目经理部(施工项目部)的建立

(1)施工项目经理部的含义。

施工项目经理部是在企业法定代表人授权和职能部门的支持下,按照企业的相关规定组建的、进行项目管理的一次性组织机构。施工项目经理部由项目经理领导,接受组织职能部门的指导、监督、检查、服务和考核,并负责对项目资源进行合理使用和动态管理。施工项目经理部随着合同的签订而成立,随着项目的结束而解体。

(2)施工项目经理部设置的原则。

① 功能齐全的原则。

施工项目经理部在人员配置上应能适应施工现场的技术、质量、安全、资金、劳务、物资以及机具等的需要。

② 精干高效的原则。

施工项目经理部要尽量压缩管理层,做到管理人员精干、一职多能、人尽其才,尽量避免人员重叠。

③ 管理跨度合理的原则。

施工项目经理部人员管理跨度过大,人员少,资金投入小,但将导致管理不到位;管理跨度过小,人员增多,管理到位,但资金投入将会增大。因此,每一个施工管理层面的设置应保持适当的工作幅度,以使各层面的管理人员在各自的职责范围内对施工进行有效控制。

④ 弹性建制的原则。

施工项目经理部是非固定的临时性管理组织,没有固定的管理人员,根据施工进展及业绩等情况,应及时对管理机构进行优化调整,确定人员进出,实行动态管理。

2. 施工队伍准备

施工队伍是进行工程施工的具体操作者,工程开工前,按照施工组织设计中已编制好的劳动资源需求计划,对各工种的人员进行合理的计划,并按照工程开工日期组织施工队伍进场。

进行施工队伍准备时需要注意如下几点。

(1)认真考虑各工种的特点,选择与之适应的施工队伍。

(2)技工和普工的比例应满足合理的劳动组织要求。

(3)坚持合理、精干、高效的原则。

在选择施工队伍时,无论是什么工种,尽量遵循劳动力相对稳定的原则,以保证工程的质量以及劳动效率的提高。对于某些采用新结构、新工艺、新技术、新材料的工程,在工程开工前应将有关的施工管理人员和操作人员进行统一的专业技术培训,以更好地满足施工要求。

二、物资资源准备

物资资源是施工的物质基础,是建筑产品形成的最基本资源,也是工程能够得以连续施工的基本保证,施工所需要的物资主要包括建筑材料、构配件以及施工所需机具等,其种类繁多,规格型号复杂。因此,做好物资准备是一项较为复杂而又细致的工作,主要有如下几项工作。

1. 建筑材料的准备

建筑工程需要消耗大量的建筑材料,建筑材料的准备工作主要包括以下几项。

（1）编制材料需用量计划。编制材料需用量计划主要是根据施工预算进行分析,按照施工进度计划的要求,按照材料名称、规格、使用时间、材料储备定额和消耗定额进行汇总,编制出材料需要量计划,为组织备料、确定仓库、场地堆放所需的面积和组织运输等提供依据。

（2）根据材料需用量计划做好材料的订货和采购工作。

（3）做好材料的运输和储备。材料的运输和储备应按工程进度分批进行。现场材料储备过多会增加保管费用,占用流动资金,增大场地堆放面积,对现场施工造成不便;现场材料若储备过少,则难以保证施工的连续性。

（4）做好材料的堆放和保管。材料进场后按照施工总平面布置图的具体位置,合理堆放,尽量避免二次搬运;进场后的材料根据其特点妥善保管,以防材料变质,影响使用。

2. 施工机具的准备

根据施工方案,确定施工所用机具的类型、编制施工机具的需用量计划,根据施工现场平面布置图的要求将进场后的施工机具在规定的地点安置或存放。对于固定的施工机具应进行就位、搭防护棚、接电源、保养和调试等工作。为保证各类施工机具的正常安全使用,在开工之前必须对进场后的施工机具进行检查和试运转。

3. 预制构件及配件的加工与订货准备

施工所需的各种构、配件,应按施工组织设计所编制的用量计划提前做好预制加工或订货准备,在施工现场按照施工平面图的布置要求做好各种构、配件的堆放与保管工作。

4. 运输条件准备

建筑工程需要消耗大量的建筑材料,各种材料运输量大,按计划做好相应的运输条件准备,确保施工所需各种材料能够按时进场,以保证施工的连续性。

5. 强化施工物资的价格管理

在施工过程中,应注意收集各种材料的市场价格信息,在保证各种物资质量并确保工程质量的前提下,进行材料的价格对比,按照物资采购原则,择优进货,以降低成本,提高经济效益。

三、资金资源准备

资金资源是工程建设的基本保障。施工生产的过程,一方面表现为实物形式的物资活动,另一方面表现为价值形式的资金活动。现在的工程一般规模较大,相应的投资也很大,如果没有足够的资金准备,一旦工程开工,在施工过程中如果资金跟不上,将会造成很大的损失。资金资源准备主要是指根据选定的施工方案、施工进度计划、当地的劳动力以及物资价格,同时结合未来市场预期编制施工资金计划。

四、技术资源准备

技术资源是工程项目达到预期施工目标的有力手段,主要包括劳动者操作技能、劳动者素质、试验检验、科研攻关、管理程序和方法等。具体包括以下内容。

（1）针对工程施工难点,组织项目部工程技术人员以及施工队伍中的骨干力量,进行类似的

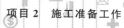

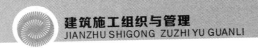

工程考察学习。

（2）做好专业工程技术培训，提高对新工艺、新材料等使用的适应能力。

（3）强化质量意识，抓好质量教育，增强质量观念。

（4）全面、细致地做好施工组织设计的技术交底工作。

（5）切实做好施工安全、消防、环境保护、节约能源等知识的教育。

（6）组织好科研攻关。对于施工中采用的一些带有试验性质的新材料等，在使用前应组织有关设计、科研等单位进行相关试验测试，明确材料有关性能参数后再加以使用。

2.5 施工现场准备

施工现场是参加建筑施工的全体人员为安全、优质、低成本和高速度完成施工任务而进行工作的活动空间，其主要是为施工活动的顺利进行提供有利的条件。做好施工现场准备工作是保证工程按计划开工和各项施工活动顺利进行的重要环节。施工现场准备工作的主要内容包括拆除障碍物、做好施工场地测量控制网的建立、做好"七通一平"、搭设临时设施等。

一、施工现场准备工作的分工及其内容

施工现场准备工作的各项内容由建设单位和施工单位共同完成，只有当建设单位和施工单位的施工现场准备工作就绪时，施工现场才具备了施工条件。建设单位和施工单位施工现场准备工作的具体分工如下。

1. 建设单位的施工现场准备工作

（1）办理土地征用、拆迁补偿、平整场地。

（2）将施工所需水、电、电信线路从施工场外接至指定地点。

（3）开通施工场地与所在城区公共道路的通道，以满足施工运输的需要。

（4）向承包人提供施工场区工程地质和地下管线资料，并对资料的真实准确性负责。

（5）办理施工许可证以及其他施工所需证件（如规划部门颁发的《建设用地规划许可证》和《建设工程规划许可证》，以及国土管理部门颁发的《国有土地使用证》等）和临时用地、停水、停电、中断道路交通、爆破作业等的申请批准手续。

（6）将规划部门给定的坐标控制点，以书面形式交给承包人，进行现场交验。

（7）协调处理施工场地周围的地下管线和邻近建筑物、构筑物（包括文物保护建筑）、名木古树的保护工作，承担有关费用。

上述施工现场的准备工作，承发包双方可在合同专用条款的约定下，部分工作由施工单位来完成，发生的费用由建设单位承担。

知识拓展

申请施工许可证的条件

（1）已经办理该工程用地的批准手续。

（2）在城市规划区的建筑工程，已取得规划许可证。

（3）需要拆迁的，其拆迁进度符合施工要求。

（4）已经确定建筑施工企业。

（5）有满足施工需要的施工图纸及技术资料。

（6）有保证工程质量和安全的具体措施。

（7）建设资金已经落实。

① 建筑工期不足一年的，到位资金原则上不少于工程合同价的50%，建筑工期超过一年的，到位资金原则上不少于工程合同价的30%。

② 建设单位应当提供银行出具的到位资金证明，有条件的可以实行银行付款保函或者其他第三方担保。

（8）法律、行政法规规定的其他条件。例如，需要进行消防设计的建筑工程，建设单位应当将其消防设计图纸报送公安消防机构审核，未经审核或审核不合格的，建设行政主管部门不得发给施工许可证。

2．施工单位的施工现场准备工作

（1）根据工程需要，提供和维修非夜间施工使用的照明、围栏设施，并负责安全保卫。

（2）按合同专用条款约定的要求，向工程发包人提供施工现场办公和生活的房屋及附属设施，发包人承担由此发生的费用。

（3）按合同专用条款约定做好施工场地地下管线和邻近建筑物、构筑物（包括文物保护建筑）、名木古树的保护工作。

（4）保证施工场地清洁，符合环境卫生管理的有关规定。

（5）建立测量控制网。

（6）做好工程用地范围内的"七通一平"，其中平整场地由建设单位完成，但是建设单位可按合同专用条款的约定要求施工单位完成，发生的费用由建设单位承担。

（7）搭设供施工现场生产和生活用的临时设施。

二、拆除障碍物

施工现场的一切地上、地下障碍物，在工程开工前如需拆除的都应拆除。这项工作由建设单位来完成，但建设单位也可以委托施工单位完成，发生的费用由建设单位承担。拆除障碍物这项工作无论是由建设单位来完成还是由施工单位来完成，在正式拆除前一定要摸清现场情况，尤其应注意施工现场的地下各种管线，以防止拆除过程中各类事故的发生。

对于房屋的拆除，一般只要把水源、电源切断后就可进行拆除，若采用爆破的方法，须经有关部门批准，由专业的作业人员来完成。对于电力、通信线路以及市政给水、排水、燃气、热力等管线的拆除，事先应与有关部门取得联系，办理相关手续，由专业人员来完成。如果施工现场内有树木，须经园林部门批准后方可移除。

三、建立测量控制网

施工过程中，保证施工现场坐标控制点的稳定、正确，是施工过程中进行测量控制的前提，是保证建筑物施工质量的先决条件，尤其是在城区建设中，建筑物周围障碍物多，视线条件差，给测量控制带来一定的难度，施工时应根据建设单位提供的由规划部门给定的永久性坐标控制点和高程，按建筑总图上的要求，进行施工现场控制网点的测量，建立测量控制网，并设立施工现场永久性坐标桩，为施工过程中的测量控制提供条件。

四、七通一平

1. 平整场地

按照建筑施工总平面图的要求,首先拆除场地上妨碍施工的建筑物或构筑物,然后根据建筑总平面图规定的标高要求,进行挖(填)土方的工程量计算,确定平整场地的施工方案,组织人力或机械进行场地平整工作。

2. 路通

施工现场的道路是组织物资运输的动脉。拟建工程开工前,必须按照施工总平面图的要求,修建必要的临时性道路,以保证施工所需各种建筑材料、机械、设备和构件等能够按时进场。为节约临时工程费用,缩短施工准备工作的时间,应尽量利用原有道路设施或拟建永久性道路(如厂区公路等)。

3. 给水通

水是施工现场进行生产、生活以及消防不可缺少的。拟建工程开工之前,必须按照施工总平面图的要求,接通各种用水的管线。施工现场各种临时用水管线的铺设,既要方便各用水点正常用水,又要尽可能缩短管线长度。布置施工临时给水管线时尽可能与永久性的给水系统结合起来。

4. 排水通

做好施工现场的排水工作,对于保证施工能够顺利进行具有重要的意义,尤其是在雨季,特别要做好基坑周围的挡土支护工作,防止坑外雨水流入坑内,同时做好基坑内的排水准备工作。

这里的排水也包含施工现场污水的排放,施工过程中产生的污水,如果直接排放,会影响到城市的环境卫生。有些污水中污染物含量高,不符合直接排放,需要经过处理后才能排放。

5. 电力通

电是施工现场的主要动力来源。拟建工程开工前,应按照施工组织设计的要求,接通电力设施,确保施工现场动力设备的正常运行。

6. 电信通

拟建工程开工前,应按照施工组织设计的要求,接通电信设施,确保施工现场通信设备的正常运行。

7. 燃气通

施工现场如需燃气,应按施工组织设计的要求做好相应的工作,以保证施工能够顺利进行。

8. 热力通

施工过程中如需热力,则必须按要求做好相应的准备工作,以确保热力供应畅通,保证施工活动的正常开展。

五、搭设临时设施

施工现场所需的生产(如钢筋加工棚、配电房、搅拌机操作棚等)和生活(如办公楼、宿舍、食堂、厕所灯)用的临时设施,应按施工平面布置图的要求进行搭设,不得乱搭乱建,并尽量利用施工现场或附近的原有设施(包含需要拆迁但可以供施工暂时利用的建筑物或构筑物),以节约投资,同时宜采用移动式、装配式临时建筑。

施工用地周围应用围墙围挡起来,并在主要出入口设置标牌。

知识拓展

1. 施工现场生活设施布置

(1) 职工生活设施应符合卫生、安全、通风、照明等要求。

(2) 职工的膳食、饮水供应等应符合卫生要求。炊事员必须有卫生防疫部门颁发的体检合格证。生熟食应分别存放,炊事员要穿白工作服,食堂卫生要定期清扫检查。

(3) 施工现场应设置符合卫生要求的厕所,有条件的应设水冲厕所,并有专人清扫管理。现场应保持卫生,不得随意大小便。

(4) 生活区应设置满足使用要求的淋浴设施和管理制度。

(5) 生活垃圾应及时清理,不能与施工垃圾混放,并设专人管理。

(6) 职工宿舍应考虑季节性的要求,冬季应有保暖、防煤气中毒措施;夏季应有消暑、防蚊虫叮咬措施,保证施工人员的良好睡眠。

(7) 宿舍内床铺及各种生活用品放置要整齐,通风良好,并要符合安全疏散的要求。

(8) 生活设施的周围环境应保持良好的卫生条件,道路周围、院区平整,并应设置垃圾箱和污水池,不能随意乱倒乱泼。

2. 围挡设置的具体要求

(1) 围挡必须沿工地四周连续设置,不得有缺口。围挡应坚固、平稳、严密、整洁、美观。

(2) 围挡的高度:市区主要路段不宜低于 2.5 m,一般路段不低于 1.8 m。

(3) 围挡材料应选用砌体、金属板材等硬质材料,禁止使用彩条布、安全网等易变形材料。

3. 标牌设置

施工现场出入口明显位置必须设置"五牌一图",即:工程概况牌、安全生产制度牌、文明施工制度牌、环境保护制度牌、消防保卫制度牌及施工现场平面布置图。应标明工程项目名称、建设单位、设计单位、施工单位、监理单位、工程概况及开、竣工日期等。标牌应规格统一、位置合理、字迹端正、线条清晰、表示明确,并应固定在现场内的主要进出口处,严禁将"五牌一图"挂在外脚手架上。

2.6 季节性施工准备 ....

建筑工程的施工大多数属于露天作业,受气候的影响比较大,因此,在冬期、雨期以及夏季施工中,必须结合具体条件,做好相应的施工准备工作,才能保证安全、按期、保质地完成施工任务。

一、冬期施工准备

1. 冬期施工阶段界定

根据《建筑工程冬期施工规程》(JGJ 104—2011)的规定,当室外日平均气温连续 5 d 稳定低于 5 ℃,即进入冬期施工环境;当室外日平均气温连续 5 d 稳定高于 5 ℃,即解除冬期施工环境。

2. 冬期施工准备工作

冬期施工由于受到施工条件及环境等不利因素的影响,容易导致工程质量事故的发生,并且质量事故多呈滞后性。为了确保施工安全、保证工程质量、顺利完成冬期施工任务,应做好以下施工准备工作。

(1)做好组织准备,成立冬期施工领导小组。

(2)针对冬期施工,做好施工组织设计编制工作。冬期施工由于其条件的特殊性,在编制施工组织设计时,应合理安排进度计划,尽量安排易保证工程质量、费用增加较少的项目(如室内装饰装修等)在冬期施工,以保证施工的连续性。

(3)进入冬期施工前,施工技术人员向有关班组做好冬期施工的技术交底,全面进行图纸复查,核对其是否能适应冬期施工要求。

(4)加强对参加施工的所有管理人员和施工作业人员的培训,使之了解冬期施工的重要性及应注意的事项,做好专门的技术培训工作(如外掺剂的使用等)。

(5)做好冬期施工所用设备、机具、材料等的准备。

(6)做好与冬期施工有关的保温防冻工作,如施工现场临时供水管道、混凝土施工等的保温防冻工作。

(7)强化施工企业和施工现场的安全管理。认真制订针对性强的冬期施工安全措施,开展冬期施工安全生产及防火知识的宣传、教育和培训,提高作业人员的自我防范意识和安全操作技能。

二、雨期施工准备

雨期施工由于受到施工条件及环境等不利因素的影响,容易导致工程质量以及人身安全事故的发生。例如:如果施工现场的水泥或混凝土在雨期没有得到很好的保护,受到雨淋或受潮,就会导致其含水量增加,进而影响工程质量;基坑槽壁的支撑防护工作,如果准备工作不到位,一旦受到降雨的影响,便容易引起塌方,进而引发安全事故。因此,做好雨期施工准备工作,对于保证工程质量,确保施工安全具有十分重要的意义。雨期施工一般应做好以下准备工作。

(1)与当地气象部门保持联系,随时关注当地的气象信息。

(2)编制施工组织设计时,合理安排项目施工。晴天施工条件好,多完成室外作业,做好主体工程,为雨天创造工作面,多留一些室内工作在雨期施工。尽量把不适于雨天作业的工程,如大型土方工程、屋面防水工程等,抢在雨期到来之前完成。

(3)做好施工现场周围的防洪排涝以及施工现场的排水工作。现场排水工作,须在进行整个现场的"七通一平"时进行统一的规划。雨期到来前,应进行有组织的检查,疏通道路边沟,加强管理,防止堵塞。施工现场的道路、设施必须做到排水通畅,尽量做到雨停水干。应防止地面水排入地下室、基础、地沟内。另外,应准备抽水设备(如水泵等),及时处理低洼、基坑中的积水,以免影响工程质量。

(4)做好运输道路的维护及物资储备。降雨来临前,应对现场的临时道路进行修整,加铺碎石、炉渣等,同时对道路横剖面加大坡度以利排水,保证运输道路畅通。另外,提前做好施工所需物资的储备工作,以保证施工的连续性。

(5)准备必要的防雨器材,做好雨期施工现场物资以及所用施工机具、设备等的保护工作。防止材料或机具受雨淋而影响正常使用。

(6)在雨期前应做好现场房屋的防雨及排水工作。

（7）加强技术及施工安全管理。认真编制和贯彻雨期施工技术措施和安全措施，做好雨期施工期间职工的安全教育和检查，防止各类安全事故的发生。

三、夏季施工准备

夏季是一年中天气变化最剧烈、最复杂的时期，夏季施工一方面面临高温、多雨、台风等天气，施工作业条件环境恶劣；另一方面，施工人员易疲劳、易中暑，容易导致注意力分散。尤其是中暑，是夏季最容易发生的，如在高危场所工作，即使是轻微的中暑也可能造成较大事故的发生。在高温环境下，更容易引发触电、食物中毒等安全事故。因此，做好夏季施工准备工作，对于保证施工的连续性、确保人身安全具有重要意义。夏季施工通常应做好以下准备工作。

1）切实做好夏季施工项目的施工方案编制工作

针对夏季施工气温高、干燥快等特点，在编制夏季施工项目施工方案的同时应制订必要的技术措施。例如，混凝土在高温环境下凝结硬化速度加快，所以在混凝土的拌制时应尽量选择低热混凝土，同时在运输以及浇筑过程中应严格控制时间，并且做好混凝土浇筑后的养护工作，以免影响混凝土的施工质量。

2）做好现场防雷装置的准备

夏季不仅气温高，而且是雷雨多发的季节，尤其是现在建筑物的高度不断增大，导致高空作业多。在施工现场做好防雷装置的准备对于保证施工人员的安全以及施工现场用电设备的安全运行具有重要意义。

3）做好施工人员防暑降温工作的准备

（1）合理安排和调节作息时间避开高温时段施工，有条件、有安全保障的项目可开展夜间施工作业。

（2）保证饮水的供应，可准备绿豆汤、冷饮等清凉解渴的饮品为职工降暑，严格防止中暑事件的发生。

（3）应保证食堂的排气通风处于良好的状态，并且合理安排一些有利于防暑降温的膳食。

（4）职工宿舍应保证通风散热良好，有条件的项目应安装风扇或空调，应保证职工有足够的睡眠。

（5）项目部应配置基本的防暑降温药物和医务卫生人员。万一施工现场有人员发生中暑，应立即将其撤离高温场所，医务人员应根据中暑的轻重，确定应对措施（如休息、治疗或送医院急救等），严格防止中暑死亡事故的发生。

2.7 施工准备工作计划与开工报告

一、施工准备工作计划

为使各项施工准备工作有序按时完成，保证后续施工活动的正常开展，在施工准备工作开始前，必须根据各项施工准备工作的具体内容，编制相应的施工准备工作计划，明确各准备工作完成时限、完成责任单位及责任人等，并严格按照已经制订的施工准备工作计划开展工作。施工准备工作计划如表 2-1 所示。

二、开工报告

当各项施工准备工作按计划实施,并具备工程项目开工条件时,施工单位应向监理单位报送工程开工申请表及开工报告以申请开工。单位工程开工令由总监理工程师征得建设单位同意后签发,分部(项)工程开工令可由总监理工程师代表建设单位签发并通报建设单位。开工申请表及开工报告经同意后,施工单位即可开始施工。开工申请表及开工报告如表 2-13 及表 2-14 所示。

表 2-13　工程开工申请表

工程名称:　　　　　　　　　　　　　　　　　　　编号:

致:　　　　　　　　　　　　　　　　　　　　(监理单位) 　　我方承担的　　　　　　　　　　　工程,已完成了以下各项工作,具备了开工条件,特此申请开工,请核查并签发工程开工令。 　　附:开工报告 　　　　　　　　　　　　　　　　　　承包单位(公章):　　　　　　　 　　　　　　　　　　　　　　　　　　　　项目经理:　　　　　　　 　　　　　　　　　　　　　　　　　　　日　　　期:
审查意见: 　　　　　　　　　　　　　　　　　项目监理机构(公章):　　　　　　　 　　　　　　　　　　　　　　　　　　总监理工程师:　　　　　　　 　　　　　　　　　　　　　　　　　日　　　期:

表 2-14　工程开工报告

编号：

工程名称		建设单位	
工程地点		设计单位	
结构类型		施工单位	
建筑面积		监理单位	
计划开工时间	年　月　日	合同工期	
计划竣工时间	年　月　日	合同编号	

施工准备工作情况	施工许可证办理情况	
	图纸预审和会审情况	
	主要物资、设备准备情况	
	施工组织设计审批情况	
	施工现场"七通一平"完成情况	
	工程预算编审情况	
	施工队伍进场情况	
	其他准备工作	

　　上述施工准备工作已完成，工程定于____年____月____日正式开工，请建设、监理单位予以审核，特此报告。

　　施工单位：_____（公章）

　　项目经理：_____（签字）　　　日期：_____

审核意见	建设单位： 负责人（签字）：_____（公章） 日　　期：_____	监理单位： 负责人（签字）：_____（公章） 日　　期：_____

复习思考题2

一、填空题

1. 技术资料准备是施工准备工作的核心，其主要内容包括_____、_____和_____。

2. 施工现场四周必须采用封闭围挡，市区主要路段的围挡高度不得低于_____ m，一般路段围挡高度不得低于_____ m。

3. 施工现场出入口的明显位置应按要求设置"五牌一图"，其分别是指_____、_____、_____、_____、_____和_____。

4. 施工项目经理的能力要求一般包括_____、_____、_____和_____四方面。

5. 施工现场准备工作中的七通一平分别是指_____、_____、_____、_____、_____、_____、_____和_____。

二、简答题

1. 施工准备工作的基本要求有哪些?

2. 施工项目经理的素质要求有哪些?

3. 施工项目经理部组建的基本原则有哪些?

4. 建设单位和施工单位分别应做哪些施工现场准备工作?

5. 施工现场准备工作的主要内容包括哪些?

6. 如何做好冬、雨期及夏季施工准备工作?

7. 图纸会审的主要内容包括哪些?

三、选择题

1. 根据《建筑工程冬期施工规程》(JGJ 104—2011)的规定,当室外日平均气温连续_____ d稳定低于_____ ℃,即进入冬期施工环境。(　　)

A. 5,5　　　　　　　　B. 5,−5　　　　　　　　C. 10,−5　　　　　　　　D. 5,−10

Chapter 3

项目 3　建筑流水施工

学习目标

掌握流水施工计划的编制技能和相关理论知识,在完成本项目相关知识和技能的学习训练任务的同时,培养流水施工计划的编制与组织能力;培养分析与解决流水施工组织中的实际问题的能力;培养实事求是、诚信的品质,培养统筹兼顾、分工协作、善于沟通和合作的意识;学会用系统的观点和方法编制流水施工进度计划。

1.知识目标
(1)掌握依次施工、平行施工、流水施工的基本原理;
(2)掌握流水施工主要参数的定义与计算方法;
(3)掌握横道图的绘制方法和步骤;
(4)掌握流水施工计划的编制方法。
2.技能目标
(1)能够正确识读横道计划图;
(2)能够根据工程情况选择合理的施工组织方式和流水施工计划;
(3)能够正确绘制横道图并统计资源需求量;
(4)能够根据工程情况编制流水施工进度计划。

◈ 引例导入

现有四幢同类型房屋基础进行施工,按一幢为一个施工段,划分为土方开挖、混凝土垫层、砌砖基础、回填土四个施工过程,每个施工过程安排一个施工班组,一班制施工,各部分所花时间分别为 2 周、1 周、3 周、1 周,土方开挖施工班组人数为 15 人、垫层施工班组人数为 10 人,砖基础施工班组人数为 20 人,回填土施工班组人数为 5 人。要求分别采用依次、平行、流水的施工方式组织施工,分析各种施工方式的特点。

3.1　流水施工的基本概念

流水施工源于工业生产的"流水作业",是一种科学的工程项目施工组织方法。用该方法组织施工,可以取得较好的经济效益。因此,在建筑工程施工组织中被广泛采用。

一、组织施工的三种方式

任何工程项目都可以分解为若干个施工过程,每一个施工过程又都是由一个或多个或混合的施工班组负责施工的。考虑到建筑工程项目的施工特点、工艺流程、资源利用、平面或空间布置等要求,通常可以采用依次施工、平行施工和流水施工三种组织方式。这里就三种方式的施工特点和效果分析如下。

1. 依次施工

依次施工,又称为顺序施工,是各施工段或是各施工过程依次开工、依次完工的一种施工组织方式,是一种最简单、最基本的施工组织方式。依次施工可以分为以下两种形式。

1)按施工段依次施工

(1)按施工段依次施工的概念。

按施工段依次施工是指第一个施工段的所有施工过程全部施工完毕后,再进行第二个施工段的施工,依次循环进行的一种组织施工的方式。其中,施工段是指同一施工过程的若干个部分,这些部分的工程量一般应大致相等。按施工段依次施工的进度安排如图 3-1 所示。

(2)按施工段依次施工的工期。

其工期为

$$T = M \sum t_i \tag{3-1}$$

式中:M——表示施工段数或房屋幢数;

　　t_i——各施工过程在一个施工段上完成施工任务所需时间;

　　T——表示完成该工程所需工期。

(3)按施工段依次施工的特点。

按施工段依次施工的优点有:①单位时间内投入的劳动力和各项物资较少,施工现场管理简单;②工作面能充分利用。

按施工段依次施工的缺点有:①从事某过程的施工班组不能连续均衡地施工,工人存在窝工现象;②施工工期过长。

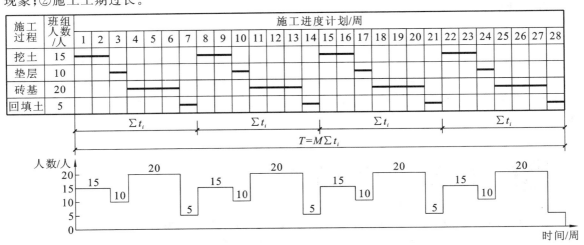

图 3-1　按施工段依次施工

2）按施工过程依次施工

（1）按施工过程依次施工的概念。

按施工过程依次施工是指第一个施工过程在所有施工段全部施工完成后，第二个施工过程再开始施工，依次循序进行的一种组织施工的方式。按施工过程依次施工的进度安排如图 3-2 所示。

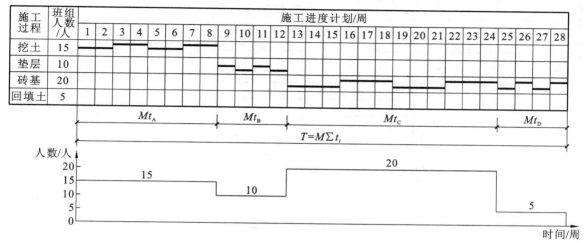

图 3-2　按施工过程依次施工

（2）按施工过程依次施工的工期计算公式同式（3-1）。

（3）按施工过程依次施工的特点。

按施工过程依次施工的优点有：①单位时间内投入的劳动力和各项物资较少，施工现场管理简单；②从事某施工过程的施工班组能连续均衡地施工，工人不存在窝工现象。

按施工过程依次施工的缺点有：①工作面未充分利用，存在间歇时间；②施工工期过长。

3）依次施工的适用范围

依次施工适用于规模较小，工作面有限，工期要求不紧的小型工程。

2. 平行施工

1）平行施工的概念

平行施工是指所有施工过程的各个施工段同时开工、同时完工的一种施工组织方式。

将上述四幢房屋的基础采用平行施工的组织方式，其进度计划如图 3-3 所示。

2）平行施工的工期表达式

平行施工的工期为

$$T = \sum t_i \tag{3-2}$$

式中各参数的含义同式（3-1）。

3）平行施工的特点

（1）施工班组成倍增加，机具设备也相应增加，材料供应集中，临时设施、设备也需增加，造成组织安排和施工现场管理困难，增加施工管理费用。

（2）施工班组不存在连续或不连续施工的情况，仅在一个施工段上施工。如果工程结束后再无其他工程，则可能出现窝工现象。

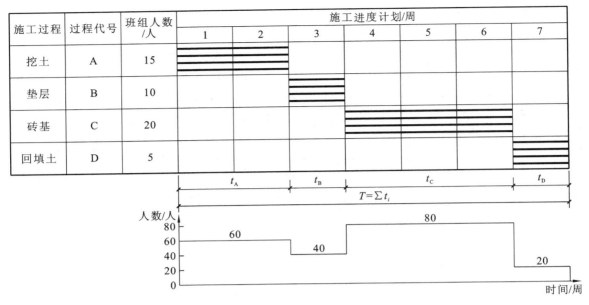

图 3-3 平行施工

4）平行施工的适用范围

平行施工一般适用于工期要求紧,物资丰富,大规模的同类型的建筑群工程或分批分期进行施工的工程。

3. 流水施工

1）流水施工的概念

流水施工是指所有的施工过程均按一定的时间间隔投入施工,各个施工过程陆续开工、陆续竣工,使同一施工过程的施工班组保持连续均衡地施工,不同施工过程尽可能平行搭接施工的组织方式。引例导入中的工程如果组织流水施工进度计划如图 3-4 所示。

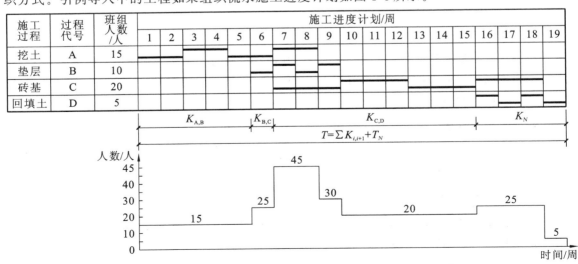

图 3-4 流水施工

2）流水施工的工期表达式

流水施工的工期为

$$T = \sum K_{i,i+1} + T_N \qquad (3-3)$$

式中：$\sum K_{i,i+1}$——相邻两个施工过程的施工班组开始投入施工的时间间隔；

T_N——最后一个施工过程的施工班组完成全部施工任务所持续的时间。

3）流水施工的特点

（1）采取分段作业，兼有依次施工和平行施工的优点，既充分地利用了工作面，又缩短了工期。

（2）同一施工专业班组在不同的施工段上能连续作业，消除了专业班组工人的窝工，有利于改进操作方法，提高劳动生产率。

（3）不同施工专业班组在同一施工段上可尽可能保持连续施工，在不同施工段上可尽可能进行最大限度的搭接，避免了工作面的闲置，缩短了工期。

（4）流水施工有利于机械设备的充分利用，又利于资源的均衡利用，便于资源的供应和组织，也便于施工现场的管理。

二、组织流水施工的条件及技术经济效果

1. 组织流水施工的条件

流水施工的实质是分工协作和成批生产，它要求在工艺划分、时间排列和空间布置上能够统筹安排。因此，组织流水施工的条件可以归纳为以下几点。

1）划分分部分项工程

首先，将拟建工程根据工程特点及施工要求，划分为若干个分部工程；其次，按照施工工艺要求，工程量的大小和施工班组的情况，将各个分部工程划分为若干个施工过程，即分项工程。

2）划分施工段

根据工程实际情况，将拟建工程在平面或空间上，划分为工程量大致相等的若干个施工段。

3）每个施工过程组织独立的施工班组

在一个流水组中，每个施工过程尽可能组织独立的施工班组。其形式可以是专业班组，也可以是混合班组。其目的是使每个施工班组可以按照施工顺序，依次、连续、均衡地从一个施工段转移到另一个施工段进行连续相同的施工。

2. 流水施工的技术经济效果

流水施工兼有依次施工和平行施工的优点，目前在施工现场被广泛采用，它的技术经济效果主要表现在以下几方面。

（1）各施工班组专业化程度较高，提高了工人的技术水平和熟练程度，也提高了施工企业的管理水平和经济效益。

（2）保证了施工机械和劳动力得到充分合理的利用。

（3）流水施工工期较为合理。流水施工的连续性、均衡性施工，可以使施工项目尽早竣工，减少现场管理费用和物资消耗，有利于提高施工项目经理部的综合经济效益。

三、流水施工的分类

流水施工的分类有多种方法，具体如下。

1. 按照流水施工的组织范围分类

1）综合流水

综合流水（建筑群的流水）是指组织多幢房屋或构筑物的大流水施工方式，是在宏观上对于建筑群的施工进行控制和调配的一种组织流水的方式。

2）项目流水

项目流水（单位工程流水）是组织一个单位工程的流水施工方式，以各分部工程的流水为基础，是各分部工程流水的组合方式。

3）专业流水

专业流水（分部工程流水）的编制对象是一个分部工程，它是该分部工程中各细部流水的工艺组合，是组织项目流水的基础。

4）细部流水

细部流水（分项工程流水）是指对某一分项工程组织的流水施工方式，它是组织流水施工中范围最小的流水施工方式。

2. 按施工过程的分解程度分类

1）彻底分解流水

彻底分解流水是指将工程对象的某一分部工程分解成若干个施工过程，并且每一个施工过程均为单一工种完成的施工方式，即该工程不能再分解。

2）局部分解流水

局部分解流水是指将工程对象的某一分部工程，根据实际情况进行划分，有的过程已彻底分解，有的过程则不能彻底分解的施工方式。不能彻底分解的施工过程是由混合的施工班组来完成的，如钢筋混凝土工程。

3. 按流水施工的节奏特征分类

1）有节奏流水

有节奏流水是指同一施工过程在各施工段上的流水节拍都相等的一种流水施工方式。

2）无节奏流水

无节奏流水是指同一施工过程在各施工段上的流水节拍不完全相等的一种流水施工方式。

四、流水施工的表达方式

流水施工的表达方式常用的有横道图和网络图两种，其次还有斜线图。其中，网络图将在下一个项目中讲解。

1. 横道图表示法

横道图表示法如图 3-5 所示。

施工过程	施工进度/d									
	1	2	3	4	5	6	7	8	9	10
A										
B										
C										

图 3-5　流水施工横道图

横道图的特点:绘制简单,施工过程及其先后顺序表达清楚,时间和空间状况形象直观,使用方便,在施工进度计划的表达中被广泛采用。

2. 斜线图表示法

斜线图的表示法如图 3-6 所示。

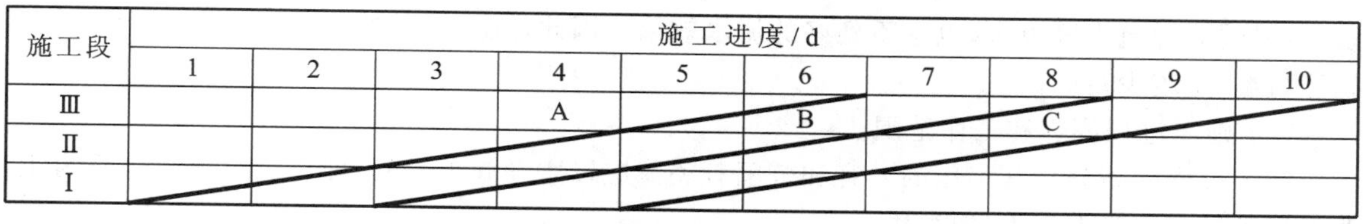

施工段	施工进度/d									
	1	2	3	4	5	6	7	8	9	10
Ⅲ				A		B		C		
Ⅱ										
Ⅰ										

图 3-6　流水施工斜线图

斜线图的特点:与横道图类似,但在实际工程的编制过程中不如横道图方便,时间和空间布置看上去不如横道图的简洁、整齐,所以在施工进度计划表达中运用较少。

3.2 流水施工的主要参数

流水施工的主要参数包括工艺参数、空间参数和时间参数三种。

一、工艺参数

1. 施工过程数

施工过程数是指在组织流水施工时,用于表达流水施工在工艺层次上开展有关过程的数目,通常用 n 表示。

1)施工过程的划分方法

按照工艺性质的不同,施工过程可分为制备类、运输类和建造类等三类施工过程。

(1)制备类施工过程是指预先加工制造建筑半成品、构配件等的施工过程,如砂浆、混凝土的配制,钢筋的加工制作等。

(2)运输类施工过程是指把材料和制品运送到工地仓库或转运送到施工现场使用的过程,如结构安装过程中的构件吊装过程。

(3)建筑类施工过程是指在施工对象上直接加工而形成建筑产品的过程,如墙体的砌筑等。

在施工过程中,制备类施工过程与运输类施工过程基本不占用施工对象的空间,对总工期的影响很小,通常不列入施工进度计划表中。而建筑类施工过程既占用施工对象的空间,又影响总

工期,所以在施工过程的划分中,通常以建筑类施工过程为主进行划分。划分施工过程的目的就是以便更好地对工程施工进行具体的安排和进行相应的资源调配。

2)划分施工过程应考虑的因素

(1)施工计划的性质与作用。

对于一些大型的、复杂的施工过程可以划分得精细一些,而小型的、简单的施工过程则应划分得粗略一些。

(2)施工方案及工程结构。

对于一些相同的施工工艺,应根据施工方案的要求,合并为一个施工过程。

(3)劳动组织及劳动量大小。

施工过程的划分与施工班组、施工习惯及工程量的大小有关。因此施工过程的数量要适当,以便于组织流水施工。施工过程过少,达不到好的流水效果;施工过程过多,需要的专业班组就多,需要划分的流水段也多,也达不到好的流水效果。因此,施工过程的划分要适宜,并不是越多越好,也不是越少越好。

(4)施工过程内容和工作范围。

施工过程的划分与其工作的内容和范围有关。应以主导施工过程,即建造类施工过程为主,兼顾制备类和运输类施工过程。

2. 流水强度

流水强度是指某施工过程在单位时间内所完成的工程量,通常用 V 表示。

1)机械施工过程流水强度

机械施工过程流水强度为

$$V_{Ji} = \sum_{i=1}^{n} R_{Ji} S_{Ji} \tag{3-4}$$

式中:V_{Ji}——某施工过程 i 的机械操作流水强度;

　　R_{Ji}——投入施工过程 i 的施工机械的台数;

　　S_{Ji}——投入施工过程 i 的某施工机械的台班产量定额;

　　n——投入施工过程 i 的施工机械的种类。

2)人工施工过程流水强度

人工施工过程流水强度为

$$V_{Ri} = R_{Ri} S_{Ri} \tag{3-5}$$

式中:R_{Ri}——投入施工过程 i 的工作队人数;

　　S_{Ri}——投入施工过程 i 的工作队的平均产量定额;

　　V_{Ri}——投入施工过程 i 的人工操作流水强度。

二、空间参数

空间参数包括施工段数工作面和施工层。

1. 施工段数

1)施工段的概念

在组织流水施工时,将施工对象在平面或空间上划分成若干个劳动量大致相等的施工段落,称为施工段或流水段,通常用 M 表示。但对于多层建筑物的施工,则施工段数等于一层划分的施工段数乘以建筑物的施工层数,即

$$M = M' \times 施工层数$$

式中:M'——每一层划分的施工段数。

2)划分施工段的目的

划分施工段的目的是组织流水施工时,保证同一施工班组能在同一施工过程的不同施工段上连续施工,同时也保证了不同的施工班组能在相邻施工过程的不同施工段上连续施工。这样就消除了等待、窝工现象,缩短了工期,提高了施工经济效果。

3)划分施工段的原则

(1)同一专业施工队在各个施工段上的劳动量应大致相等,相差幅度不宜超过 10%～15%。

(2)每个施工段上应有足够的工作面,以便在满足合理劳动组织的要求下,保证相应数量的专业班组、机械等对工作面的要求。

(3)施工段界线的划分应与施工对象的结构界线(如沉降缝、伸缩缝等)一致,或者设在对建筑结构的整体性影响小的部位,以保证建筑结构的整体性。

(4)施工段的数目应满足合理组织流水施工的要求。施工段数过多,会延长工期;反之,施工段数过少,不能充分利用工作面,可能导致窝工现象。

(5)在分层又分段的施工项目中,既要在平面上划分施工段,又要在空间上划分为若干个作业层。因此,要求每层的最少施工段数 m 应大于或等于施工过程数 n,即 $m \geq n$。

【例 3-1】 某两层现浇钢筋混凝土框架主体结构工程,由支模板、绑扎钢筋和浇筑混凝土三个施工过程组成,各施工队在各施工段上的作业时间均为 3 d,现施工段数目分别划分为:$m=2$,$m=3$,$m=4$ 三种情况来组织流水施工。试讨论 m 与 n 之间的关系。

【解】 这三种流水施工的施工段数目 m 与施工过程数目 n 之间的关系,分别属于以下三种情况。

① 当 $m<n$,即 $m=2$,$n=3$ 时,施工进度计划如图 3-7 所示。

施工层	施工过程	施工进度/d						
		3	6	9	12	15	18	21
I	支模板	▬	▬					
	扎钢筋		▬	▬				
	浇混凝土			▬	▬			
II	支模板			A	▬	▬		
	扎钢筋				B	▬	▬	
	浇混凝土					C	▬	▬

图 3-7 $m<n$ 时的施工进度计划图
A—模板工停歇 3 d;B—钢筋工停歇 3 d;C—混凝土工停歇 3 d

由图 3-7 可以看出,各专业班组在同一层内能连续均衡地施工,但在跨越层间施工时,却均产生了窝工现象。因此,对一个建筑物组织流水施工是不适宜的。但是,对于组织同类型群体建筑物大流水施工时,则可与另一些建筑物组织大流水施工。

② 当 $m=n$,即 $m=3$,$n=3$ 时,施工进度计划如图 3-8 所示。

③ 当 $m>n$,即 $m=4$,$n=3$ 时,施工进度计划如图 3-9 所示。

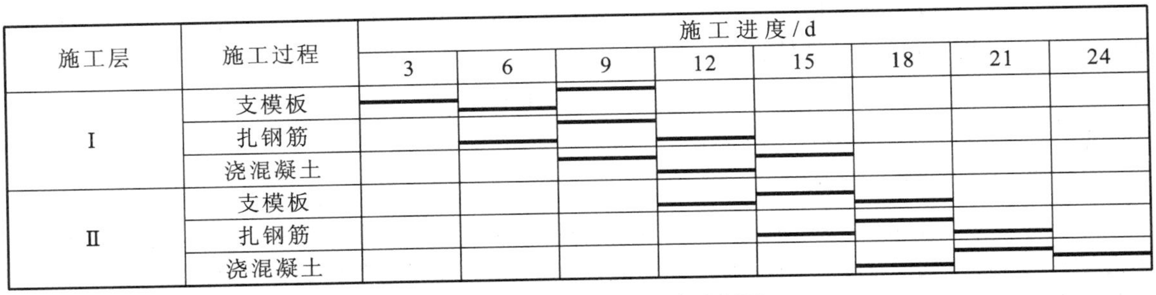

施工层	施工过程	施工进度/d							
		3	6	9	12	15	18	21	24
I	支模板								
	扎钢筋								
	浇混凝土								
II	支模板								
	扎钢筋								
	浇混凝土								

图 3-8　$m=n$ 时的施工进度计划图

施工层	施工过程	施工进度/d								
		3	6	9	12	15	18	21	24	27	30
I	支模板									
	扎钢筋									
	浇混凝土									
II	支模板				A					
	扎钢筋					B				
	浇混凝土						C			

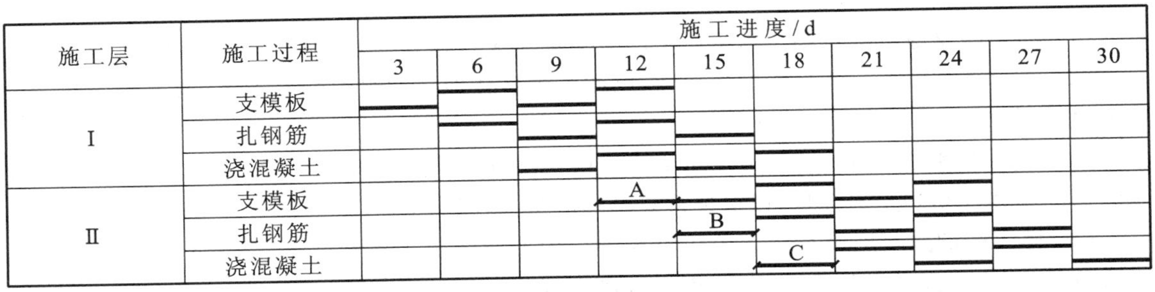

图 3-9　$m>n$ 时的施工进度计划图

A—施工段停歇;B—施工段停歇;C—施工段停歇

由图 3-8 可知,各专业班组在同一层内各施工段上能连续均衡地施工,在跨越层间施工时也能连续均衡地施工,施工段没有闲置,工作面能充分利用,无停歇现象,工人也不会产生窝工现象,比较理想。

由图 3-9 可知,各专业班组均能连续地作业。施工段有闲置,浇筑完第一层的混凝土后不能立即投入上一层的支模板。这种闲置可作为某些施工过程必要的间歇时间(如混凝土的养护,楼层引测弹线等)或意外的时间拖延(如雨天)。

综上所述,在分层又分段的施工组织中,当 $m<n$ 时,工人产生了窝工现象;当 $m=n$ 时,组织施工比较理想;当 $m>n$ 时,组织施工比较合理。

注意:在分层又分段的施工组织中,当存在技术间歇(如混凝土养护、抹灰养护、屋面找平层养护均有技术间歇)或组织间歇(回填土前对地下埋设的管道需进行检查验收,属组织间歇)时,施工段 m 和施工过程 n 之间的关系,应满足

$$m \geqslant n + \frac{\sum t_z + \sum t_j}{K} \tag{3-6}$$

式中：$\sum t_j$ —— 技术间歇时间的总和;

　　　$\sum t_z$ —— 组织间歇时间的总和;

　　　n —— 施工过程数或专业施工队数;

　　　K —— 流水步距。

2. 工作面

工作面是指在组织流水施工时,某专业工种所必须具有的一定的活动空间,也就是某一施工

过程要正常施工必须具备的场地大小。

在确定一个施工过程必要的工作面时,不仅要考虑前一施工过程可能提供的工作面的大小,还应遵守施工技术和安全技术规范的规定。主要工种的工作面参考数据如表3-1所示。

表3-1　主要工种的工作面参考数据表

工 作 项 目	每个技工的工作面	说　　明
砖基础	7.6 米/人	以1砖计,2砖乘以0.8,3砖乘以0.55
砌砖墙	8.5 米/人	以1砖计,1砖乘以0.71,2砖乘以0.57
毛石墙基	3 米/人	以60 cm计
毛石墙	3.3 米/人	以40 cm计
混凝土柱、墙基础	8 米^3/人	机拌、机捣
混凝土设备基础	7 米^3/人	机拌、机捣
现浇钢筋混凝土柱	2.45 米^3/人	机拌、机捣
现浇钢筋混凝土梁	3.20 米^3/人	机拌、机捣
现浇钢筋混凝土墙	5 米^3/人	机拌、机捣
现浇钢筋混凝土楼板	5.3 米^3/人	机拌、机捣
预制钢筋混凝土柱	3.6 米^3/人	机拌、机捣
预制钢筋混凝土梁	3.6 米^3/人	机拌、机捣
预制钢筋混凝土屋架	2.7 米^3/人	机拌、机捣
预制钢筋混凝土平板、空心板	1.91 米^3/人	机拌、机捣
预制钢筋混凝土大型屋面板	2.62 米^3/人	机拌、机捣
混凝土地坪及面层	40 米^2/人	机拌、机捣
外墙抹灰	16 米^2/人	
内墙抹灰	18.5 米^2/人	
卷材屋面	18.5 米^2/人	
防水水泥砂浆屋面	16 米^2/人	
门窗安装	11 米^2/人	

3. 施工层

在组织流水施工时,为了满足专业工种对操作高度和施工工艺的要求,将拟建工程项目在竖向上划分为若干个操作层,称为施工层。

施工层是根据工程项目的具体情况和建筑物的高度等来确定的。

三、时间参数

时间参数包括流水节拍、流水步距和流水工期。

1. 流水节拍

1）流水节拍的定义

流水节拍是指每个专业班组在各个施工段上完成各自施工任务所持续的时间，用符号 t 表示。

流水节拍的大小，关系到所需投入的劳动力、机械以及材料用量的多少，决定着施工的速度和节奏，反映了流水施工速度的快慢、资源供应量的多少。总之，在施工段不变的前提下，流水节拍越小，工期越短；反之，流水节拍越大，工期越长。因此，确定合理的流水节拍值，对于组织流水施工，具有重要的意义。

2）流水节拍的计算

流水节拍的确定方法有：定额法、经验估算法和倒推进度法。

（1）定额法。

根据投入的资源量进行计算，流水节拍为

$$t_i = \frac{Q_i}{S_i R_i N_i} = \frac{P_i}{R_i N_i} = \frac{Q_i H_i}{R_i N_i} \tag{3-7}$$

式中：t_i——某施工过程的流水节拍；

$\quad Q_i$——某施工过程在某施工段上的工程量；

$\quad S_i$——产量定额，即每1工日（或台班）完成合格产品的数量；

$\quad R_i$——某施工过程的施工班组人数；

$\quad N_i$——某施工过程每天的工作班制；

$\quad P_i$——某施工过程在某施工段上所需的劳动量（工日数或机械台班数）。

（2）经验估算法。

经验估算法根据过去的施工经验进行估计，该法适用于采用新工艺、新方法、新材料等无定额可循的工程，其流水节拍为

$$t_i = \frac{a + 4c + b}{6} \tag{3-8}$$

式中：t_i——某施工过程的流水节拍；

$\quad a$——某施工过程在某施工段上的最短估算时间；

$\quad b$——某施工过程在某施工段上的最长的估算时间；

$\quad c$——某施工过程在某施工段上的正常估算时间。

（3）倒推进度法。

通常流水节拍越大（小），工期越长（短）。因此，对于工期固定的项目，需用倒推进度法来估算流水节拍，其流水节拍为

$$t_i = \frac{T_i}{m_i} \tag{3-9}$$

式中：t_i——某施工过程的流水节拍；

$\quad T_i$——某施工过程的持续时间；

$\quad m_i$——某施工过程的施工段数。

三种方法在作为技术招标安排进度时都可能会用到，对于招标文件中有工期要求的项目，一

般先采用倒推进度法,而组织专业流水施工时采用定额法。

3）确定流水节拍应考虑的因素

（1）施工班组的人数应适宜,既要满足最小劳动组合人数的要求,又要满足最小工作面的要求。

所谓最小劳动组合,就是指在某一施工过程中进行正常施工所必需的最低限度的班组人数及其合理组合。最小工作面是指施工班组为保证安全生产和有效操作所必需的工作空间,它决定了最高限度可安排多少工人。不能为了缩短工期而无限制地增加人数,否则将造成工作面的不足而产生窝工。

（2）工作班制应恰当。工作班制的确定应视工期要求、施工过程特点来确定。

（3）机械的台班效率或机械台班产量大小。

（4）节拍值一般取整数值,必要时可保留 0.5 d 的小数值。

2. 流水步距

1）流水步距的含义

流水施工过程中相邻两个专业班组先后进入第一（非同一）施工段开始施工的时间间隔,称为流水步距,以符号 $K_{i,i+1}$ 表示。

流水步距的大小,反映了流水作业的紧凑程度,对工期的影响较大。在流水段不变的前提下,流水步距越大,工期越长;反之,流水步距越小,工期越短。

流水步距的数目,取决于参加流水施工的施工过程数。如果施工过程为 n,则流水步距总数为（$n-1$）个。

注意：在成倍的节拍流水中,施工过程 n 则变为施工队数 n'。

2）确定流水步距的基本要求

（1）应保证每个专业队在各施工段上都能连续作业。

（2）应使相邻专业队伍在开工时间上实现最大限度、合理的搭接。

（3）应满足均衡生产和安全施工要求。

3）确定流水步距的方法

流水步距的基本计算公式为

$$K_{i,i+1} = \begin{cases} t_i + t_j - t_d & (t_i \leqslant t_{i+1}) \\ mt_i - (m-1)t_{i+1} + t_j - t_d & (t_i > t_{i+1}) \end{cases} \qquad (3\text{-}10)$$

式中：$K_{i,i+1}$——相邻施工过程之间的流水步距;

　　t_i——第 i 个施工过程的流水节拍;

　　t_{i+1}——第 $i+1$ 个施工过程的流水节拍;

　　m——施工段数;

　　t_j——相邻施工过程之间的间歇时间;

　　t_d——相邻施工过程之间的平行搭接时间。

平行搭接时间是指在组织流水施工时,在工作面允许的条件下,在同一施工段上的前一个施工班组完成部分施工任务后,后一个施工过程的施工班组提前进入该施工段,两个相邻施工过程的施工班组同时在一个施工段上施工的时间。其目的是缩短工期。

3. 流水工期

流水工期是指完成一项过程任务所需的时间，以符号 T 表示。其计算公式一般为

$$T = \sum K_{i,i+1} + T_N \tag{3-11}$$

式中：T—— 流水施工工期；

$\sum K_{i,i+1}$—— 流水施工中，相邻施工过程之间的流水步距之和；

T_N—— 流水施工中，最后一个施工过程上完成所有施工任务所持续的时间。

3.3 流水施工的基本方式

在流水施工中，根据流水节拍的特点不同，流水施工可分为有节奏流水和无节奏流水两大类。

一、有节奏流水

有节奏流水是指同一施工过程在各施工段上的流水节拍都相等的一种流水施工方式。有节奏流水根据不同施工过程之间的流水节拍是否相等，又分为等节奏流水和异节奏流水两种方式。

1. 等节奏流水

等节奏流水是指同一施工过程在各施工段上的流水节拍相等，不同施工过程之间的流水节拍也相等，即所有施工过程的流水节拍都相等的一种流水施工方式，又称为全等节拍流水或固定节拍流水，是流水施工中最基本、最简单、最有规律的一种组织施工方式，也是最理想的一种流水施工方式。

1）等节奏流水的基本特点

（1）流水节拍彼此相等，都等于 t。

（2）流水步距彼此相等，且等于流水节拍，即 $K_{i,i+1} = t$。

（3）每个专业工作队都能够连续施工，施工段没有空闲。

（4）专业工作队数（n_1）等于施工过程数（n）。

（5）工期计算公式为

$$T = \sum K_{i,i+1} + T_N$$

因为

$$\sum K_{i,i+1} = (n-1)t, T_N = mt$$

所以

$$T = (m+n-1)t \tag{3-12}$$

式中：T—— 流水施工总工期；

m—— 施工段数；

n—— 施工过程数；

t—— 流水节拍。

【例 3-2】 某分部工程有 A、B、C、D 四个施工过程，每个施工过程划分为四个施工段，流水

节拍均为 3 d，各施工过程之间没有间歇时间和搭接时间，试组织全等节拍流水。

【解】 ① 计算工期，根据式(3-12)，有

$$T=(m+n-1)t=(4+4-1)\times 3\ \text{d}=21\ \text{d}$$

② 绘制横道图，如图 3-10 所示。

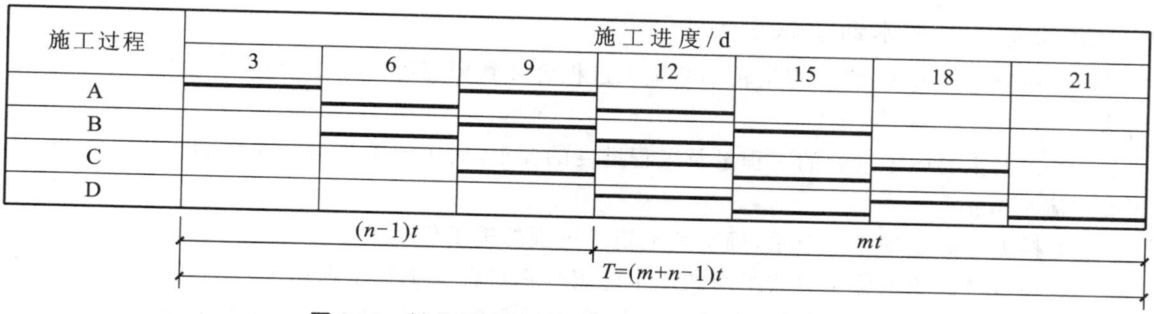

施工过程
施工进度/d
3
6
9
12
15
18
21
A
B
C
D
(n-1)t
mt
T=(m+n-1)t

图 3-10 某分部工程全等节拍流水施工进度计划图

在组织全等节拍流水施工中，如果施工过程之间存在间歇时间或搭接时间，则其工期为

$$T=(m+n-1)t+\sum t_j-\sum t_d \tag{3-13}$$

式中：T—— 流水施工总工期；

m—— 施工段数；

n—— 施工过程数；

t—— 流水节拍；

$\sum t_j$—— 相邻施工过程间的间歇时间，包括技术间歇和组织间歇时间；

$\sum t_d$—— 相邻施工过程间的搭接时间。

【例 3-3】 某分部工程有 A、B、C、D 四个施工过程，每个施工过程划分为四个施工段，流水节拍均为 3 d，A 施工过程结束后有 2 d 的间歇时间，C 与 D 施工过程之间有 1 d 的搭接时间，试组织全等节拍流水施工。

【解】 ① 计算工期，根据式(3-13)，有

$$\begin{aligned}T&=(m+n-1)t+\sum t_j-\sum t_d\\&=[(4+4-1)\times 3+2-1]\ \text{d}\\&=22\ \text{d}\end{aligned}$$

② 绘制横道图，如图 3-11 所示。

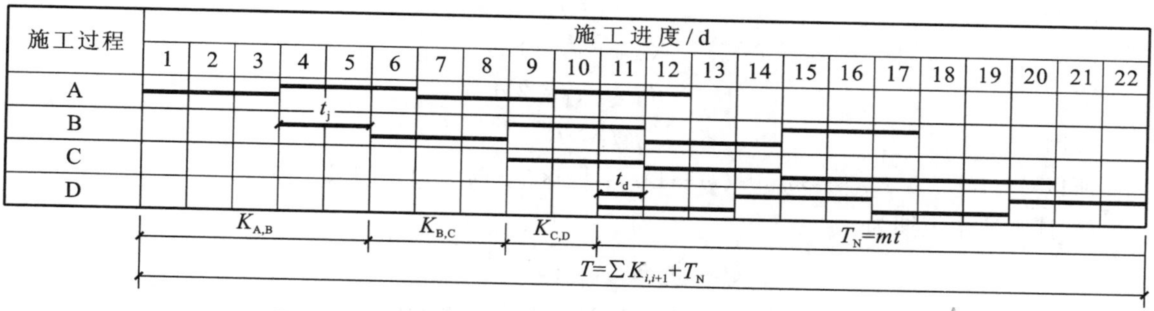

施工过程
施工进度/d
1
2
3
4
5
6
7
8
9
10
11
12
13
14
15
16
17
18
19
20
21
22
A
B
C
D
t_j
t_d
$K_{A,B}$
$K_{B,C}$
$K_{C,D}$
$T_N=mt$
$T=\sum K_{i,i+1}+T_N$

图 3-11 某分部工程等节拍不等步距流水施工进度计划图

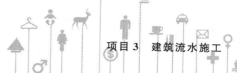

总的来说,等节奏流水是一种比较理想的流水施工方式,既能保证各专业施工班组连续均衡地施工,又能保证工作面充分被利用。但在实际工程中,要使某分部工程的各施工过程都采用相同的流水节拍,组织困难较大。因此,全等节拍流水的组织方式仅适用于施工过程数目不多的某些分部工程的流水。

2) 全等节拍流水的组织方法

(1) 划分施工过程,将工程量较小的施工过程合并到相邻施工过程中,使各过程的流水节拍相等。

(2) 根据主要施工过程的工程量及工程进度的要求,确定该施工过程中的施工班组人数,从而确定流水节拍。

(3) 根据已确定的流水节拍,确定其他施工过程的施工班组人数。

(4) 检查按此流水施工方式组织的流水施工是否符合该工程工期以及资源等的要求。如果符合,则按此计划实施;反之,则通过调整主导施工过程的班组人数,使流水节拍发生改变,从而调整工期以及资源消耗情况,使计划符合要求。

2. 异节奏流水

异节奏流水是指同一施工过程在各施工段上的流水节拍都相等,不同施工过程之间的流水节拍不一定相等的一种流水施工方式。异节奏流水施工又可分为异步距异节拍流水和等步距异节拍流水。

1) 异步距异节拍流水施工

(1) 异步距异节拍流水施工的特点。

① 同一施工过程在各施工段上的流水节拍彼此相等,不同的施工过程之间的流水节拍不一定相等。

② 各施工过程之间的流水步距不一定相等。

③ 各施工工作队都能够保证连续作业,但有的施工段之间可能有空闲。

④ 施工班组数 (n_1) 等于施工过程数 (n),即 $n_1 = n$。

(2) 流水步距的确定,其公式同式(3-10)。

(3) 流水施工工期计算,其公式同式(3-11)。

【例 3-4】 已知某工程划分为 A、B、C、D 四个施工过程,四个施工过程流水节拍分别为:1 d、2 d、3 d、2 d,试组织异步距异节拍流水,并绘制施工进度计划表。

【解】 ① 根据式(3-10)计算流水步距为

因为 $$t_A < t_B$$

所以 $$K_{A,B} = t_A = 1 \text{ d}$$

同理 $$K_{B,C} = t_B = 2 \text{ d}$$

又因 $$t_C > t_D$$

所以 $$K_{C,D} = mt_C - (m-1)t_d = [4 \times 3 - (4-1) \times 2] \text{ d} = 6 \text{ d}$$

② 计算流水工期为

$$T = \sum K_{i,i+1} + T_N$$
$$= K_{A,B} + K_{B,C} + k_{c,d} + Mt_d$$
$$= (1 + 2 + 6 + 4 \times 2) \text{ d} = 17 \text{ d}$$

根据流水施工参数绘制流水施工进度计划图,如图 3-12 所示。

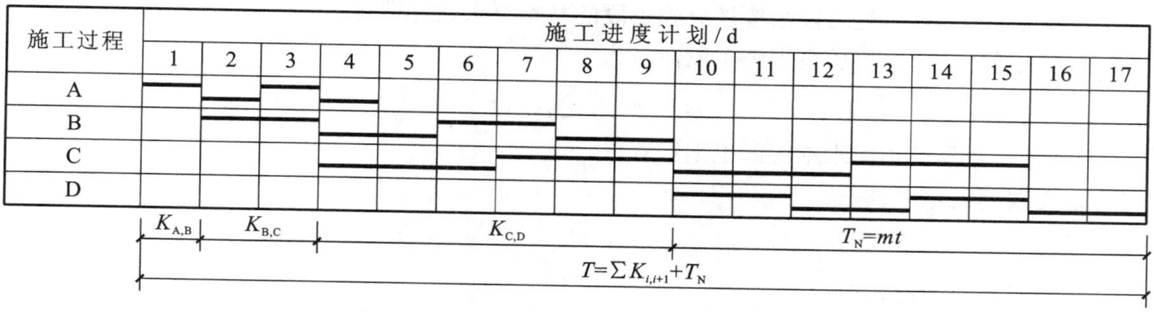

施工过程	施工进度计划/d																
	1	2	3	4	5	6	7	8	9	10	11	12	13	14	15	16	17
A																	
B																	
C																	
D																	

$K_{A,B}$ $K_{B,C}$ $K_{C,D}$ $T_N=mt$

$$T=\sum K_{i,i+1}+T_N$$

图 3-12　异步距异节拍流水施工进度计划图

（4）异步距异节拍流水施工的组织方法。

① 根据工程对象和施工要求,将工程划分为若干个施工过程。

② 根据各施工过程的工程量,计算每个工程过程的劳动量,确定各过程的施工班组人数,再确定各过程的流水节拍值。

③ 让同一施工班组连续均衡地施工,相邻施工过程尽可能平行搭接施工。

④ 主导施工过程必须连续均衡地施工,在条件允许的情况下,次要施工过程允许出现间断施工,但绝不允许出现工艺顺序颠倒的现象。

（5）异步距异节拍流水施工的适用范围。

适用范围较广,适用于各种分部和单位工程流水。

2）等步距异节拍流水施工

等步距异节拍流水施工也称为成倍节拍流水,是指同一个施工过程在各施工段上的流水节拍相等,不同施工过程之间的流水节拍不一定相等,但各节拍值之间互为整数倍的流水施工方式。

有时,为了加快流水施工速度,在资源供应满足的前提下,对流水节拍较长的施工过程,组织几个同工种的专业班组来完成同一施工过程在不同施工段上的任务,从而就形成了一个工期最短的、类似于等节拍专业流水的等步距的异节拍专业流水施工方案。

（1）等步距异节拍流水施工的特点。

① 同一施工过程在各施工段上的流水节拍彼此相等,不同的施工过程之间的流水节拍不一定相等,但互为倍数关系。

② 流水步距彼此相等,并且等于流水节拍的最大公约数或等于流水节拍的最小值。

③ 各专业工作队都能够保证连续施工,施工段没有空闲。

④ 专业工作队数大于施工过程数,即 $n'>n$。

（2）流水步距的确定。

流水步距为　　　　　$K_{i,i+1}=$ 流水节拍的最大公约数 $=t_{min}$

式中：t_{min}——成倍节拍流水步距,即为流水节拍中的最小值。

（3）各施工过程施工队组数的确定。

施工队组数为　　　　$$b_i=\frac{t_i}{最大公约数}=\frac{t_i}{t_{min}}$$　　　　(3-14)

则总的施工班组数为　　　　　$$n_1=\sum b_i$$

（4）施工段数目（m）的确定。

① 无层间关系时，施工段数按划分施工段的基本要求确定即可。

② 有层间关系时，每层最少施工段数目为

$$m = n' + \sum t_j / K_b \tag{3-15}$$

（5）等步距异节拍流水施工的工期计算。

① 无层间关系时，有

$$T = (m + n' - 1)t_{min} + \sum t_j - \sum t_d \tag{3-16}$$

② 有层间关系时，有

$$T = (mr + n' - 1)t_{min} + \sum t_j - \sum t_d \tag{3-17}$$

式中：r—— 施工层数；

t_{min}—— 流水步距；

$\sum t_j$—— 第一层的层内间歇时间；

$\sum t_d$—— 第一层的层内搭接时间。

> **注意**：上述的流水步距是指任意两个相邻施工班组开始投入施工的时间间隔，这里的"相邻施工班组"可能是指相邻施工过程之间的不同施工队，也可能是指同一施工过程内的相邻施工队。因此，流水步距的数目是由总的施工班组数来确定的。假如总的施工班组数为 n'，则流水步距数为 $n'-1$。

【例 3-5】 已知某工程划分为 A、B、C、D 四个施工过程，四个施工段，各过程的流水节拍分别为：1 d、2 d、3 d、2 d，试组织等步距异节拍流水施工，并绘制施工进度计划表。

【解】　　　由于流水步距＝最大公约数{1,2,3,2}＝1 d

则根据式（3-14）可得　　$b_i = \dfrac{t_i}{最大公约数} = \dfrac{t_i}{t_{min}}$

$$b_A = \frac{t_A}{t_{min}} = \frac{1}{1} = 1 \text{ 个}$$

$$b_B = \frac{t_B}{t_{min}} = \frac{2}{1} = 2 \text{ 个}$$

$$b_C = \frac{t_C}{t_{min}} = \frac{3}{1} = 3 \text{ 个}$$

$$b_D = \frac{t_D}{t_{min}} = \frac{2}{1} = 2 \text{ 个}$$

施工班组总数为：　　$N' = \sum b_i = b_A + b_B + b_C + b_D = (1 + 2 + 3 + 2) \text{ 个} = 8 \text{ 个}$

该工程流水步距为：　　$K = 最大公约数 = t_{min} = 1 \text{ d}$

该工程工期为：　　$T = (n' + m - 1)K$
$$= (8 + 4 - 1) \times 1 \text{ d} = 11 \text{ d}$$

根据所确定的流水施工参数绘制该工程的流水进度计划图，如图 3-13 所示。

（6）等步距异节拍流水施工的组织方法。

① 根据工程对象和施工要求，将工程划分为若干个施工过程。

施工过程	施工队数	施工进度计划/d										
		1	2	3	4	5	6	7	8	9	10	11
A	A_1											
B	B_1											
	B_2											
C	C_1											
	C_2											
	C_3											
D	D_1											
	D_2											

$$(n'-1)t_{min} \qquad mt_{min}$$
$$T=(m+n'-1)t_{min}$$

图 3-13　等步距异节拍流水施工进度计划图

② 根据工程量,计算每个过程的劳动量,再根据最小劳动量的施工过程班组人数确定出最小流水节拍。

③ 确定其他各过程的流水节拍,通过调整班组人数,使各过程的流水节拍均为最小流水节拍的整数倍。

④ 为了充分利用工作面,加快施工进度,各过程应根据其节拍值与最大公约数的倍数关系,确定其施工班组数。

⑤ 检查按此流水施工方式确定的流水施工是否符合该工程工期以及资源需求量的要求。若符合,则按此计划实施;否则,需重新调整计划,使之符合要求。

等步距异节奏流水施工方式适用于管道、线性工程,在建筑工程中,可根据实际情况加以选用。

注意:如果施工过程中,无法按照成倍节拍特征相应增加班组数,每个工程都只有一个施工班组,则不具备组织成倍节拍流水施工特征的工程,只能按照不等节拍流水组织施工。

通过图 3-12 和图 3-13 对比可以看出,对于同样一个工程,如果组织成倍节拍流水施工,则工作面充分利用,工期较短;如果组织一般流水施工,则工作面没有充分利用,工期较长。因此,在实际工程中,应视具体情况分别选用。

二、无节奏流水施工

无节奏流水施工是指各施工过程在各施工段上的流水节拍不完全相等的一种流水施工组织方式,也称为分别流水施工。它是流水施工的普遍形式。

1. 无节奏流水施工的特点

(1) 每个施工过程在各个施工段上的流水节拍不尽相同。

(2) 在多数情况下,流水步距彼此不相等,而且流水步距与流水节拍二者之间存在着某种函数关系。

(3) 各专业工作队都能连续施工,个别施工段可能有空闲。

(4) 专业工作队数等于施工过程数,即 $n_1=n$。

2. 流水步距的确定

无节奏流水施工的流水步距通常采用"累加斜减取大差法"确定。

3. 流水施工工期

$$T = \sum K_{i,i+1} + T_N + \sum t_j - \sum t_d \tag{3-18}$$

式中：T—— 流水施工的计划工期；

$\sum K_{i,i+1}$—— 所有相邻施工过程之间的流水步距之和；

T_N—— 最后一个施工过程完成所有施工任务的持续时间；

$\sum t_j$—— 技术和组织间歇时间的总和；

$\sum t_d$—— 平行搭接时间的总和。

【例 3-6】 某施工过程划分为四个施工过程，四个施工段，各施工过程在各施工段上的流水节拍见表 3-2。试组织无节奏流水施工，并绘制流水施工进度计划表。

【解】 （1）计算流水步距。因每一施工过程在各施工段上的流水节拍没有任何规律，因此，采用"累加斜减取大差法"计算流水步距，即同一施工过程的流水节拍逐段累加，相邻施工过程的累加值错位相减，无数据的地方补 0，所得差值取最大进行计算。计算过程及结果如下。

表 3-2 流水节拍

施工过程	施工段			
	Ⅰ	Ⅱ	Ⅲ	Ⅳ
A	3	4	2	3
B	5	1	4	2
C	3	5	5	3
D	2	1	3	4

① 求 $K_{A,B}$。

$$
\begin{array}{rrrrr}
3 & 7 & 9 & 12 & 0 \\
-0 & 5 & 6 & 10 & 12 \\
\hline
3 & 2 & 3 & 2 & -12
\end{array}
$$

所以 $K_{A,B} = \max\{3,2,3,2,-12\} = 3 \text{ d}$

② 求 $K_{B,C}$。

$$
\begin{array}{rrrrr}
5 & 6 & 10 & 12 & 0 \\
-0 & 3 & 8 & 13 & 16 \\
\hline
5 & 3 & 2 & -1 & -16
\end{array}
$$

所以 $K_{B,C} = \max\{5,3,2,-1,-16\} = 5 \text{ d}$

③ 求 $K_{C,D}$。

$$
\begin{array}{rrrrr}
3 & 8 & 13 & 16 & 0 \\
-0 & 2 & 3 & 6 & 10 \\
\hline
3 & 6 & 10 & 10 & -10
\end{array}
$$

所以 $K_{C,D}=\max\{3,6,10,10,-10\}=10\ d$

（2）计算工期。

根据式（3-18）可得

$$T=\sum K_{i,i+1}+T_N+\sum t_j-\sum t_d$$
$$=K_{A,B}+K_{B,C}+K_{C,D}+T_D$$
$$=[3+5+10+(2+1+3+4)]d=28\ d$$

根据计算的流水参数绘制该工程的施工进度计划，如图 3-14 所示。

施工过程	施工进度计划/d
	1 2 3 4 5 6 7 8 9 10 11 12 13 14 15 16 17 18 19 20 21 22 23 24 25 26 27 28
A	
B	
C	
D	

$K_{A,B}$　$K_{B,C}$　$K_{C,D}$　T_N

$T=\sum K_{i,i+1}+T_N$

图 3-14　无节奏流水施工进度计划图

无节奏流水施工适用于各种不同性质、不同用途、不同规模的建筑工程的单位工程流水施工或分部工程流水施工，是一种较为自由的流水施工组织方式。

> **注意**：前面所讲的几种流水施工方式，除等步距异节奏流水施工外，均可认为是无节奏流水施工的特殊情况，其工期的计算方式均可按无节奏流水施工来组织。

3.4　流水施工的具体运用

一、流水施工的组织步骤

（1）熟悉施工图纸，收集相关资料。

（2）划分分部分项工程。

（3）划分施工段。

（4）考虑各分项工程预算工程量，适当合并项目。

（5）考虑施工方案，套用相关机械或人工消耗量定额，计算劳动量。

（6）用定额计算法或倒排计划法确定各分项工程班组人数、工作班制，计算机械或班组施工天数。

（7）对各分部工程按照某种流水施工组织方式，组织流水施工。

（8）将各分部工程流水施工汇总形成单位工程流水施工。

（9）检查、调整。

（10）正确绘制流水施工进度计划表。

二、流水施工应用实例

流水施工是一种较为科学的组织施工的方式,编制施工进度计划时,常常采用流水施工的方式。流水施工的组织方式有全等节拍流水、不等步距异节拍流水、等步距异节拍流水和无节奏流水四种。具体采用哪种流水施工组织方式,应根据工程具体情况来确定。下面以较为常见的工程施工实例来阐述流水施工的具体应用。

1. 流水施工实例一

某四层学生宿舍楼,其基础为钢筋混凝土独立基础,划分为机械开挖、混凝土垫层、绑扎基础钢筋、基础模板、基础混凝土和回填土六个施工过程,其分项工程及劳动量如表 3-3 所示。

表 3-3　某工程基础分部工程劳动量表

序　号	分项工程名称	劳动量/工日或台班
1	机械开挖	6
2	混凝土垫层	30
3	绑扎基础钢筋	60
4	基础模板	72
5	基础混凝土	90
6	回填土	150

【分析】

(1) 划分分项工程。

基础采用机械大开挖形式,人工配合挖土不列入进度计划;垫层工程量较小,可以将其合并到相邻的施工过程中,也可以单独作为一个施工过程(此时,施工段数目划分应合理);绑扎基础钢筋、支模、浇筑混凝土、回填土。

(2) 划分施工段。

基础部分划分为 2 个施工段,即机械开挖部分、垫层各为 1 个施工段。

(3) 计算各分项工程的工程量、劳动量(已知)。

(4) 计算各分项工程流水节拍(按照等节拍流水组织)。

① 机械开挖采用一台机械,两班制施工,作业时间为:

$$t_{挖土} = \frac{6}{1 \times 2} \text{ d} = 3 \text{ d}(考虑机械进出场,取 4 d)$$

② 混凝土垫层工 30 工日,两班制施工,班组人数为 15 人,作业时间为:

$$t_{垫层} = \frac{30}{15 \times 2} \text{ d} = 1 \text{ d}$$

③ 基础绑扎钢筋需 60 个工日,班组人数为 10 人,一班制施工,流水节拍为:

$$t_{钢筋} = \frac{60}{10 \times 2 \times 1} \text{ d} = 3 \text{ d}$$

因后几项工序拟采取全等节拍流水施工,因此支模、浇混凝土、回填土流水节拍均为 3 天,采用倒推计划法安排班组人数,计算结果如下:

$$R_{\text{支模}} = \frac{72}{2 \times 3 \times 1} \text{人} = 12 \text{人}$$

$$R_{\text{混凝土}} = \frac{90}{2 \times 3 \times 1} \text{人} = 15 \text{人}$$

$$R_{\text{回填土}} = \frac{150}{2 \times 3 \times 1} \text{人} = 25 \text{人}$$

（5）计算分部工程流水工期，因混凝土浇筑完毕后，须养护 3 天方可进行土的回填。

所以，基础工程流水工期为：

$$t_{\text{挖土}} + t_{\text{垫层}} + t_{\text{钢筋}} + t_{\text{支模}} + t_{\text{混凝土}} + t_{\text{回填土}}$$
$$= 4 + 1 + (m + n - 1)t$$
$$= [5 + (2 + 4 - 1) \times 3 + 3] \text{d}$$
$$= 23 \text{ d}$$

基础工程施工进度计划图如图 3-15 所示。

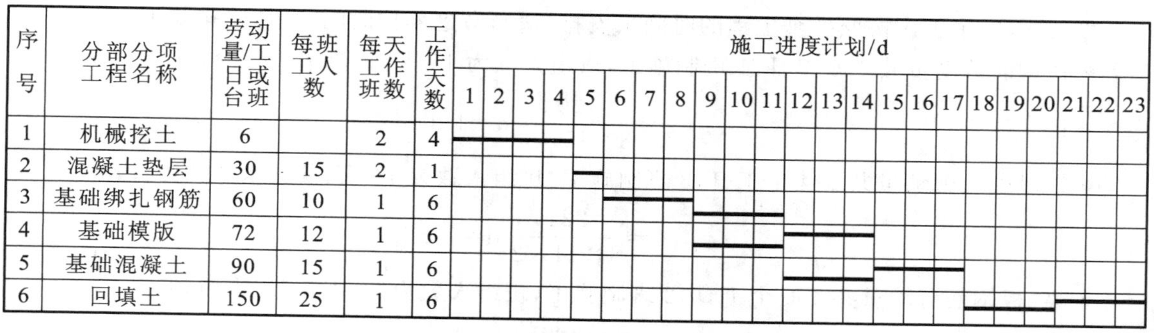

序号	分部分项工程名称	劳动量/工日或台班	每班工人数	每天工作班数	工作天数	施工进度计划/d
						1 2 3 4 5 6 7 8 9 10 11 12 13 14 15 16 17 18 19 20 21 22 23
1	机械挖土	6		2	4	
2	混凝土垫层	30	15	2	1	
3	基础绑扎钢筋	60	10	1	6	
4	基础模版	72	12	1	6	
5	基础混凝土	90	15	1	6	
6	回填土	150	25	1	6	

图 3-15　基础工程施工进度计划图

2. 流水施工实例二

某四层钢筋混凝土框架结构，其主体工程包括：脚手架，柱绑扎钢筋，柱、梁、板模板（含楼梯），柱混凝土，梁、板绑扎钢筋（含楼梯），梁、板混凝土（含楼梯），拆模，砌墙等八个施工过程。其分项工程劳动量如表 3-4 所示。

表 3-4　某过程主体分项工程劳动量表

序　号	分项工程名称	劳动量/工日或台班
1	脚手架	110
2	柱绑扎钢筋	120
3	柱、梁、板模板（含楼梯）	1 600
4	柱混凝土	224
5	梁、板绑扎钢筋（含楼梯）	400
6	梁、板混凝土（含楼梯）	480
7	拆模	400
8	砌墙	800

具体安排如下。

（1）划分分项工程。

将主体工程划分为八个分项工程，分别为：脚手架，柱、梁、板模板，柱绑扎钢筋，柱混凝土，梁、板绑扎钢筋，梁、板混凝土，拆模，砌墙等。

（2）划分施工段。

主体工程每层划分为 2 个施工段。此时，$m<n$，施工队会出现窝工现象。所以，本实例应继续组织流水施工，且只能采取"引申"的流水施工组织方式，即主导施工过程连续均衡施工，次要工序可以在缩短工期的前提下，间断施工。

（3）计算各分项工程的工程量、劳动量(已知)。

（4）计算各分项工程流水节拍，首先计算主导工序流水节拍。

① 主导工序柱、梁、板模板劳动量为 1 600 个工日，班组人数为 25 人，2 班制施工，流水节拍为：

$$t_{柱、梁、板模板}=\frac{1600}{8\times25\times2}\ d=4\ d$$

② 其他四个工序按照一个工程的时间来安排，适当考虑养护时间，具体安排如下。

● 柱钢筋劳动量共 120 工日，1 班制施工，班组人数为 15 人，其流水节拍为：

$$t_{柱钢筋}=\frac{120}{8\times15\times1}\ d=1\ d$$

● 柱混凝土劳动量共 224 个工日，2 班制施工，班组人数为 14 人，其流水节拍为：

$$t_{柱混凝土}=\frac{224}{8\times14\times2}\ d=1\ d$$

● 梁、板钢筋劳动量共 400 个工日，2 班制施工，班组人数为 25 人，其流水节拍为：

$$t_{梁、板钢筋}=\frac{400}{8\times25\times2}\ d=1\ d$$

● 梁、板混凝土劳动量共 480 工日，3 班制施工，班组人数为 20 人，其流水节拍为：

$$t_{混凝土}=\frac{480}{8\times20\times3}\ d=1\ d$$

这四个工程的流水节拍合计为：$(1+1+1+1)d=4\ d$

主体工程钢筋混凝土工程的流水工期为：

$$T=(m+n-1)t=(8+2-1)\times4\ d=36\ d$$

③ 拆模、砌墙的流水节拍。楼板的底模应在混凝土浇筑完毕且达到规定强度后方可拆模。根据试验数据，混凝土浇筑完后 3 天可以进行拆模，拆完模即可进行墙体砌筑。

● 拆模劳动量 400 个工日，班组人数 25 人，2 班制施工，其流水节拍为：

$$t_{拆模}=\frac{400}{8\times25\times2}\ d=1\ d$$

● 砌墙劳动量为 800 个工日，班组人数同支模班组人数 25 人，2 班制施工，其流水节拍为：

$$t_{砌墙}=\frac{800}{8\times25\times2}\ d=2\ d$$

主体工程的总工期为：$T=(4+36+3+1+2)\ d=46\ d$

主体工程施工进度计划见图 3-16。

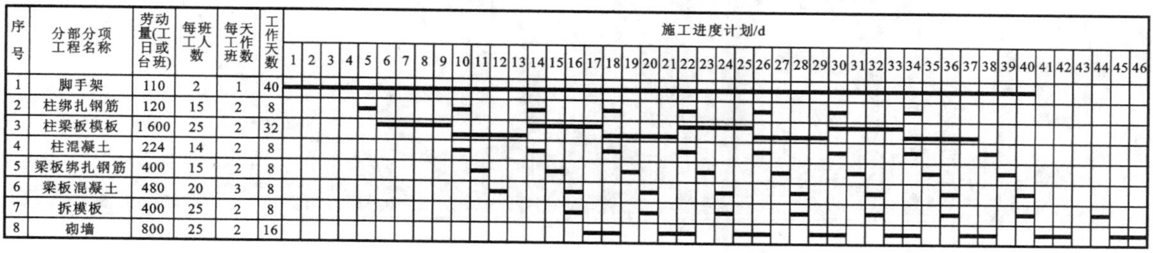
序号
分部分项工程名称
劳动量(工日或台班)
每班工人数
每天工作班数
工作天数
施工进度计划/d
1 2 3 4 5 6 7 8 9 10 11 12 13 14 15 16 17 18 19 20 21 22 23 24 25 26 27 28 29 30 31 32 33 34 35 36 37 38 39 40 41 42 43 44 45 46
1 脚手架 110 2 1 40
2 柱绑扎钢筋 120 15 2 8
3 柱梁板模板 1 600 25 2 32
4 柱混凝土 224 14 2 8
5 梁板绑扎钢筋 400 15 2 8
6 梁板混凝土 480 20 3 8
7 拆模板 400 25 2 8
8 砌墙 800 25 2 16

图 3-16　某分部工程主体工程施工进度计划图

复习思考题3

1. 组织施工的方式有哪几种？简述各自的特点。

2. 流水施工的主要参数有哪几种？各自的含义是什么？

3. 简述流水节拍、流水步距的含义及计算公式。

4. 划分施工段应遵循的原则是什么？

5. 流水施工的组织方式有哪几种？简述各自的特点。

6. 某分部工程可划分为A、B、C、D四个施工过程，三个施工段，每个施工过程的流水节拍分别为：1 d、4 d、3 d、2 d。试分别组织依次施工、平行施工和流水施工。求出工期，并绘制施工进度计划表。

7. 某分部工程由A、B、C、D四个施工过程组成，划分为四个施工段，流水节拍均为3 d，施工过程A与B之间有2 d的技术间歇时间，施工过程C与D之间有1 d的搭接时间，试组织全等节拍流水施工。求出工期，并绘制施工进度计划表。

8. 某工程由A、B、C、D四个施工过程组成，划分为六个施工段，流水节拍分别为2 d、4 d、6 d、2 d，试分别组织异步距异节拍流水和等步距异节拍流水施工。求出工期，并绘制施工进度计划表。

9. 某两层现浇钢筋混凝土工程，施工过程分为安装模板、绑扎钢筋和浇筑混凝土。已知每段每层各施工过程的流水节拍分别为2 d、2 d、1 d。当安装模板施工班组转移到第二层的第一施工段施工时，须待第一层的混凝土养护1 d后才能进行。在保证各施工班组连续施工的前提下，求该过程每层最少的施工段数，求出工期，并绘制施工进度计划表。

10. 某分部工程的流水节拍值如表3-5所示，试计算流水步距和工期，并绘制施工进度计划表。

表 3-5　某分部工程的流水节拍值

施工过程	施工段			
	Ⅰ	Ⅱ	Ⅲ	Ⅳ
A	2	4	3	4
B	3	5	5	2
C	1	3	3	2
D	4	2	3	5

Chapter 4

项目 4　工程网络计划技术

📝 学习目标

1. 知识目标

(1) 了解网络计划的基本概念,掌握网络计划的绘制方法。

(2) 掌握网络计划时间参数的概念内容,时间参数的计算,关键线路的确定方法。

(3) 熟悉双代号时间坐标网络图的绘制方法。

(4) 了解网络计划优化的基本概念及优化方法。

2. 技能目标

(1) 能够根据要求绘制单代号、双代号网络图。

(2) 能够计算网络图时间参数,并根据计算结果确定关键线路。

(3) 能够绘制时间坐标网络图。

(4) 具有优化网络计划的能力。

◈ 引例导入

某大型钢筋混凝土基础工程分三段施工,包括支模板、绑扎钢筋、浇筑混凝土三道工序,每道工序安排一个施工队进行施工,并且每个工序在一个施工段上的作业时间分别为 3 天、2 天、4 天。试绘制单代号网络图、双代号网络图、时间坐标网络图,并对网络图进行优化。

4.1　熟悉网络计划的基本概念 ⋯⋯⋯⋯⋯⋯⋯⋯⋯⋯⋯⋯

网络计划是一种以网状图形表示计划和工程开展顺序的工作流程图。通常有双代号和单代号两种表示方法,如图 4-1 和图 4-2 所示。

图 4-1　双代号网络图

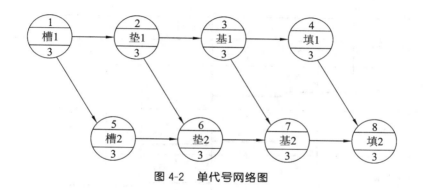

图 4-2　单代号网络图

一、网络计划方法的基本原理

1. 工程网络计划技术的产生和发展

自 20 世纪 50 年代以来,为了适应生产的发展,国外陆续采用了一些工程计划管理的新方法,其中就有网络计划技术,网络计划技术是由箭杆和节点组成,用于表达各项工作的先后顺序和相互关系。这种方法逻辑严密,能够突出主要矛盾,有利于计划的优化调整和计算机的应用。20 世纪 60 年代中期这种方法被引进至我国,经过多年的实践与应用,得到了不断推广和发展。

2. 网络计划的基本原理

工程施工网络图是由箭线和节点所组成的有向、有序的网状图形,根据图中箭线和节点所代表的含义不同,可将其分为双代号网络图和单代号网络图。利用网络图的形式表达工程中的工作组成以及工作相互之间的逻辑关系,经过时间参数的计算分析,找出关键工作和关键线路,并按照一定的目标使网络计划不断完善,以选择最优方案;在计划执行过程中进行有效的控制和调整,力求以较小的消耗取得最佳的效益。

在建筑施工中,网络计划这种方法主要用于编制建筑企业的生产计划和工程施工的进度计划,并对计划进行优化、调整和控制,以达到缩短工期、提高效率、降低成本、增加经济效益的目的。

二、横道计划与网络计划的比较

1. 横道计划

横道计划是由一系列的横线条结合时间坐标表示整个计划的各项工作起始点和先后顺序的方法,如图 4-3 所示。横道计划也称为甘特图,是美国人甘特在第一次世界大战前研究出来的,第一次世界大战后,得到了广泛应用。

横道计划的优点主要有如下几点。

(1) 横道图绘图较简便,表达形象、直观、明了,便于统计资源需要量。

(2) 流水作业排列整齐有序,表达清楚。

(3) 横道图结合时间坐标形成时间坐标网络图,各项工作的起止时间、作业延续时间、工作进度、总工期都能一目了然。

横道计划的缺点主要有如下几点。

(1) 不能反映出各项工作之间错综复杂、相互联系、相互制约的生产和协作关系。

(2) 不能明确指出哪些工作是关键的,哪些工作不是关键的,也就是说不能明确反映出工作

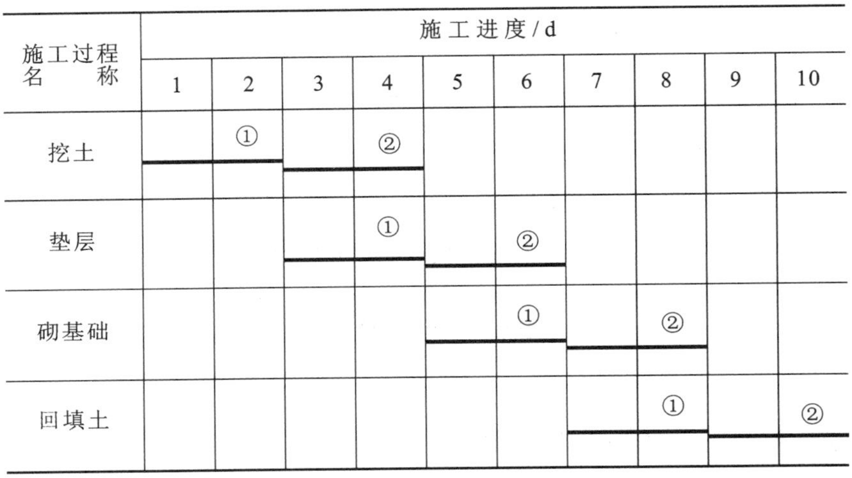

施工过程名 称	施工进度 / d									
	1	2	3	4	5	6	7	8	9	10
挖土		①		②						
垫层				①		②				
砌基础						①		②		
回填土								①		②

图 4-3 某基础工程横道计划进度表

中的关键线路和非关键线路,看不出可以灵活机动使用的时间,因此也就抓不住工作重点,无法进行最合理的组织安排和指挥生产,不知道如何去缩短工期、降低成本和调整劳动力。

(3)不能应用计算机计算各种时间参数,更不能对计划进行科学的调整与优化。

2. 网络计划

网络计划的优点主要有如下几点。

(1)能全面和明确地反映各项工作之间的相互依赖、相互制约的关系。例如,在图 4-1 中,D 工作必须在 A、B 工作完成之后才能开始,而与其他工作无关。

(2)网络图通过时间参数的计算,能确定各项工作的开始时间和结束时间,并能找出对全局性有影响的关键工作和关键线路,便于在施工中集中力量抓住主要矛盾,以确保竣工工期,避免盲目施工。

(3)能够利用计算得出的某些工作的机动时间,更好地利用和调配人力、物力,达到降低成本的目的。

(4)可以利用计算机对复杂的网络计划进行调整与优化,实现计划管理的智能化。

(5)在计划实施过程中能进行有效调整和控制,保证以最小的消耗取得最大的经济效果。

网络计划的缺点主要有如下几点。

(1)各工程之间的流水作业不能清楚地在网络计划中反映出来。

(2)网络图绘制比较麻烦,表达不是很直观。

(3)不易看懂,不易显示资源平衡情况等。

不过,网络图的不足之处可以采用时间坐标网络图来弥补。

4.2 绘制双代号网络图

一、组成双代号网络图的基本要素

双代号网络图是由箭线、节点、线路三个基本要素组成,其各自表示的含义如下。

1. 箭线

箭线分为实箭线和虚箭线,二者表示的内容不同。

1) 实箭线

一根实箭线表示一项工作或表示一个施工过程。工作名称标注在水平箭线的上方或竖直箭线的左侧,如图 4-4(a)所示。箭线表示的工作可大可小,可以是分项工程,如挖土、垫层、混凝土基础、回填土等,如图 4-4(b)所示;也可以是分部工程,如基础工程、主体工程、屋顶工程、装修工程等,如图 4-4(c)所示;也可以是单位工程。如何确定箭线表示的一项工作范围取决于所绘制的网络计划的作用是指导性的还是控制性的。

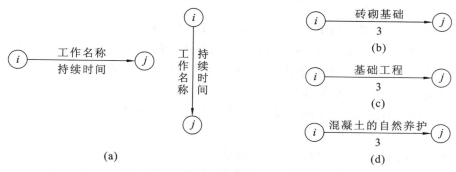

图 4-4 双代号网络图工作示意图

一根实箭线表示一项工作所消耗的时间和资源,用数字标注在水平箭线的下方或竖直箭线的右侧,如图 4-4(a)所示。一般来说,每项工作的完成都要消耗一定的时间及资源。只消耗时间不消耗资源的工作,如混凝土的养护时间、油漆层的干燥时间等技术间歇,若在施工组织设计的时候单独考虑,也应该作为一项工作来对待,应该用实箭线表示,如图 4-4(d)所示。

在无时间坐标的网络图中,箭线的长短并不反映该工作时间的长短。箭线可以是水平直线,也可以是竖直线、折线或者斜线,但最好画成水平直线、竖直直线或带水平直线的折线。在同一张网络图中,箭线的画法应统一。

箭线的方向表示工作前进的路线和进行的方向,箭尾表示工作的开始,箭头表示工作的结束。

2) 虚箭线

虚箭线仅表示工作之间的逻辑关系,它既不消耗时间也不消耗资源,一般不标注名称,持续时间为 0。它可以有两种表示方式,如图 4-5 所示。

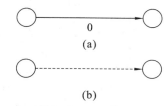

2. 节点

在双代号网络图中,节点(也称事件,结点)就是连接箭线的圆圈,它表示以下几个方面的内容。

图 4-5 双代号网络图虚箭线的表示方法

(1)节点表示前面工作结束和后面工作开始的瞬间,节点不需要消耗时间和资源。

(2)节点根据其位置的不同可以分为起点节点、终点节点和中间节点。起点节点就是网络图的第一个节点,它表示一项工程或计划的开始;终点节点就是网络图的终止节点,它表示一项工程或计划的结束;中间节点是网络图中的任何一个中间工作,它既表示紧前各工作的结束,也表示其紧后各工作的开始,如图 4-6 所示。

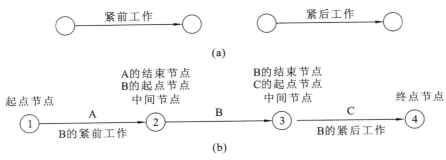

图 4-6　起点节点和终点节点

在网络图中，相对于某一项工作（后面简称为本工作）来说，紧挨在其前面的工作称为紧前工作，紧挨在其后面的工作称为紧后工作；与本工作同时进行的工作称为平行工作；从网络图起点节点开始到达本工作之前为止的所有工作，称为本工作的先行工作，从紧后工作到达网络图终点节点的所有工作，称为本工作的后续工作。

（3）每根箭线前后两个节点的编号表示一项工作，以方便网络图的检查与计算。如图 4-6 中所示的①和②两个节点表示 A 工作。

对一个网络图中的所有节点应进行统一编号，不得有缺编和重号的现象。对于每一项工作来说，其箭头节点的编号应大于箭尾节点的编号，即顺着箭头的方向编号由小到大，如图 4-1 所示。

（4）对于一个节点来说，可以有许多箭线通向该节点，这些箭线称为"内向箭线"或者"内向工作"；同样也可以有许多箭线从同一节点出发，这些箭线称为"外向箭线"或"外向工作"，如图 4-7 所示。

3. 线路和关键线路

网络图中，从起点节点到终点节点沿着箭线方向顺序通过一系列箭线与节点的通路，称为线路。线路可依次用该通路上的节点代号来表示，也可依次用该通路上的工作名称来表示，如图 4-8 所示。

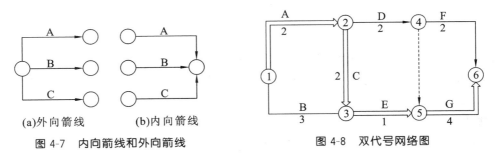

图 4-7　内向箭线和外向箭线　　　　图 4-8　双代号网络图

一个网络图中从起点节点到终点节点一般有许多条线路，如图 4-8 中有四条线路，每条线路上都包含若干工作，这些工作的持续时间之和就是这条线路的时间长度，也就是线路的总持续时间。图 4-8 中所示的四条线路均有各自的持续时间，见表 4-1。

表 4-1　每条线路的总持续时间

线　　　路	总持续时间/d
①$\xrightarrow[2]{A}$②$\xrightarrow[2]{C}$③$\xrightarrow[1]{E}$⑤$\xrightarrow[4]{G}$⑥	9
①$\xrightarrow[2]{A}$②$\xrightarrow[2]{D}$④$\xrightarrow[0]{}$⑤$\xrightarrow[4]{G}$⑥	8
①$\xrightarrow[3]{B}$③$\xrightarrow[1]{E}$⑤$\xrightarrow[4]{G}$⑥	8
①$\xrightarrow[2]{A}$②$\xrightarrow[2]{D}$④$\xrightarrow[2]{F}$⑥	6

　　一个网络图中至少存在一条持续时间最长的线路,如图 4-8 中的 ①——→ ② ——→ ③ ——→ ⑤ ——→ ⑥,在表 4-1 中可以看出,这条线路所用的总时间是整个网络图中其他线路所用时间中最长的,这条线路的总持续时间决定了此网络计划的工期,这条线路是整个网络计划能够按时完成的关键所在,因此,这条线路就是这个网络计划的关键线路。在关键线路上的工作称为关键工作。在关键线路上没有任何机动时间,线路上的任何工作不能按时完成,拖延了时间的话就会导致总工期的拖延。

　　关键线路不是一成不变的,在一定条件下,关键线路和非关键线路会相互转化。当关键线路上的工作时间缩短时,或者非关键线路上的工作时间延长时,就有可能使关键线路变成非关键线路,而使非关键线路变成关键线路。但是在网络图中,关键工作的比重往往不宜过大。越是复杂的网络图,工作节点就越多,而关键工作的比重就越小,这样有助于项目组织者集中力量抓住主要矛盾。

　　关键线路宜用粗箭线、双箭线或彩色箭线标注,以突出其在网络图中的重要地位。

　　非关键线路上都有若干天的机动时间,通常称为时差,它意味着工作完成日期允许适当的挪动而不影响工期。时差的现实意义在于可以使非关键工作在时差的允许范围内放慢工作速度,将部分人力、物力用到关键工作中去,以加快关键工作的进程,或者是在时差允许范围内,改变工作的开始和结束时间,以达到均衡工作的目的。

二、双代号网络图的绘制方法

　　网络计划技术是建筑工程施工中绘制施工进度计划和控制施工进度的主要手段。应用网络计划方法的关键是正确绘制双代号网络图。因此,在绘制网络图时,必须做到以下几点:①正确表示各种逻辑关系;②遵守绘制网络图的基本规则;③选择恰当的绘图排列方法。

1. 网络图中的逻辑关系

　　网络图中的逻辑关系是指网络计划中所表示的各个工作之间客观上存在或主观上安排的先后顺序关系。这种顺序关系划分为两类:一类为施工工艺关系,称为工艺逻辑关系;一类为施工组织关系,称为组织逻辑关系。

1) 工艺逻辑关系

　　工艺逻辑关系是由生产工艺客观上所决定的各项工作之间的先后顺序关系。对于一个具体的分部工程而言,当确定了施工方法以后,则该分部工程的各个施工过程的先后顺序一般是固定

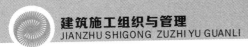

的,有的是绝对不能调换顺序的。例如,现场浇筑楼板的混凝土,必须是先支模板,然后绑扎钢筋,然后才能浇筑混凝土,这就是工艺逻辑关系。

2)组织逻辑关系

组织逻辑关系是在生产组织安排中,考虑到劳动力、机具、材料或工期的影响,在各项工作之间主观上安排的先后顺序关系。例如,有 A、B 两栋房屋同时进行施工,是先施工 A 房屋后施工 B 房屋,还是先施工 B 房屋后施工 A 房屋,取决于这个工程项目的施工方案,这就是组织逻辑关系。

2.各种逻辑关系的正确表示方法

在绘制网络图时,根据施工顺序和施工组织的要求,必须正确反映各工作之间的逻辑关系,其表示方法如表 4-2 所示。

表 4-2 双代号网络图中各工作之间的逻辑关系的表示方法(表中的网络图为节选)

序号	项 目	网 络 图
1	A、B、C 三项工作同时开始	
2	A、B、C 三项工作同时结束	
3	A 完成后,B、C、D 才能开始	
4	A、B、C 均完成后,D 才能开始	
5	A、B 均完成后,C、D 才能开始	
6	A、D 同时开始,B 是 A 的紧后工作,B、D 均完成后,C 才能开始	

序号	项　目	网　络　图
7	A 完成后，D 才能开始；A、B 均完成后，E 才能开始；A、B、C 均完成后，F 才能开始	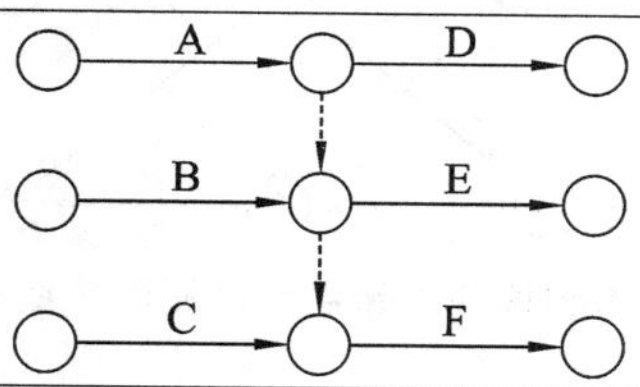
8	A、B 完成后，D 才能开始；A、B、C 均完成后，E 才能开始；D、E 完成后，F 才能开始	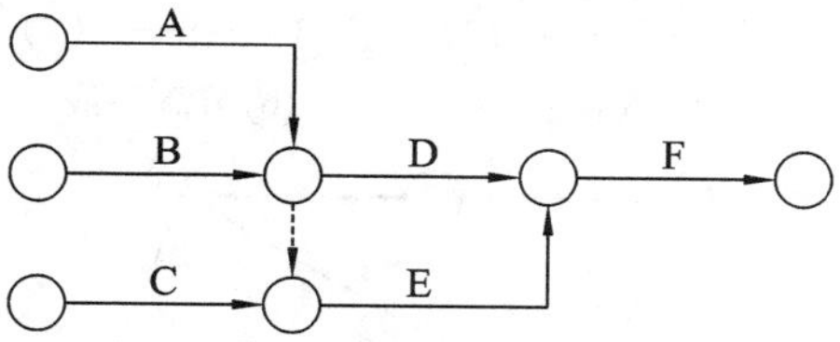
9	A、B 完成后，C 才能开始；B、D 完成后，E 才能开始	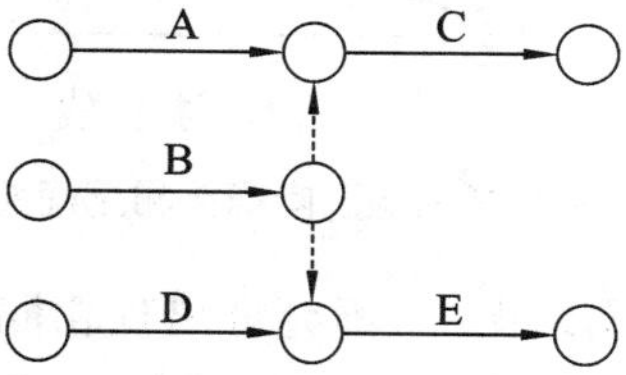
10	A 结束后，B、C、D 才能开始；B、C、D 结束后，E 才能开始	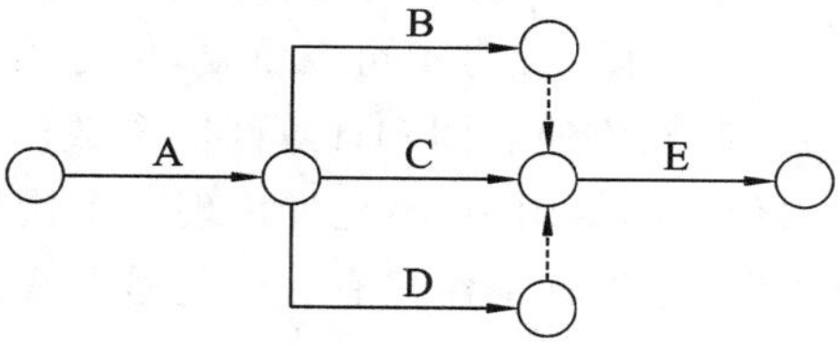
11	工作 A、B 分为三个施工段，分段流水作业；a_1 完成后进行 a_2、b_1；a_2 完成后进行 a_3、b_2；b_1 完成后进行 b_2、a_3；b_2 完成后进行 b_3	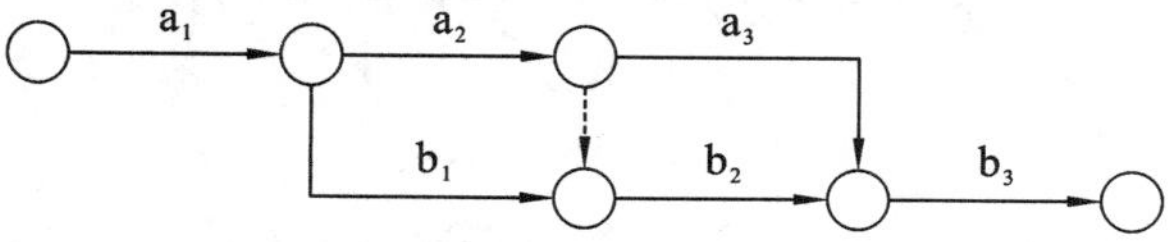

3. 绘制网络图的基本规则

网络图除了应正确表达工作之间的各种逻辑关系外，还必须遵循以下规则。

(1) 一个网络图中只允许出现一个起点节点和一个终点节点，否则不是完整的网络图。所谓起点节点是指只有外向箭线的节点，如图 4-7(a) 所示；终点节点则是只有内向箭线的节点，如图 4-7(b) 所示。图 4-9 中出现了两个起点节点①、②和两个终点节点⑦、⑧是错误的。

(2) 网络图中不允许出现循环回路。在网络图中，如果从一个节点出发沿着某一条线路移动，又回到原来的出发节点，则网络图中存在着循环回路或闭合回路（如图 4-10 中的②——→③——→⑤——→②即为循环回路），它使得工程永远不能完成，所以这个循环回路所表达的逻辑关系是错误的。

(3) 在网络图中不允许出现带有双向箭头或无箭头的连线。如图 4-11(a) 中所示的双向箭线和图 4-11(b) 所示的无箭头线都是错误的。因为网络图计划是一种有方向的图，沿着箭头的方向循序前进，所以一根箭线只能有一个箭头。另外，网络图中应尽量避免使用反向箭线，如图 4-11(c) 中的 ③——→⑤。因为反向箭线容易形成循环回路，这是不允许的。

（4）网络图中不允许出现没有箭尾节点和没有箭头节点的箭线，如图 4-12 所示。

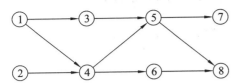

图 4-9　网络图中出现两个起点节点和两个终点节点

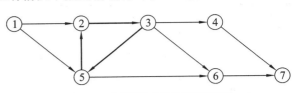

图 4-10　网络图中出现循环回路

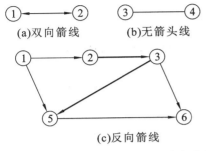

图 4-11　不允许出现双向箭头和无箭头或反向箭头

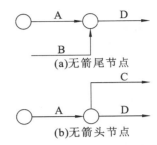

图 4-12　无箭头节点和箭尾节点的箭线

（5）一个网络图中，不允许出现相同编号的节点和箭线。如图 4-13（a）中所示的 A、B 两个工作均用代号⑥——⑨来表示是错误的，正确的表示应如图 4-13（b）所示，即增加一个节点⑦，同时应增加一个虚工作。编号不可以重复，但是可以连续编号或跳号。一般箭尾节点的编号应小于箭头节点的编号，方便看图和计算时间参数。

（6）双代号网络图中，不允许出现一个代号代表一项工作。如图 4-14（a）所示，工作 A 与 B 的表达式是错误的，B 工作只有一个代号 h 表示是不对的，正确的表达应如图 4-14（b）所示。

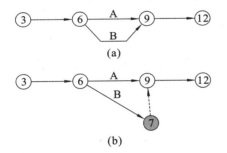

图 4-13　不允许出现相同的节点或箭线

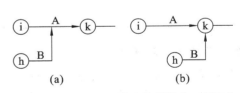

图 4-14　不允许出现一个代号代表一项工作

（7）同一个网络图中，同一项工作不能出现两次。如图 4-15（a）中的工作 C 出现了两次是错误的，正确的应该如图 4-15（b）所示。

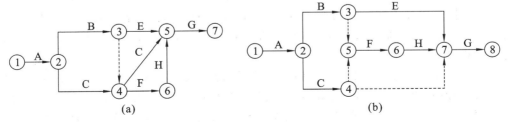

图 4-15　同一项工作不能出现两次

（8）当网络图的起点节点有多条外向箭线或终点节点有多条内向箭线时，为了使图形简洁，可用母线法绘制，如图 4-16 所示。这种母线法绘制网络图仅限于外向箭线和内向箭线，中间箭线是不允许这样绘制的。

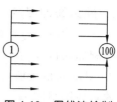

图 4-16　母线法绘制

（9）网络图中应尽量避免箭线交叉。当交叉不可避免时，可采用过桥法、断线法或指向法等方法表示，如图 4-17 所示。

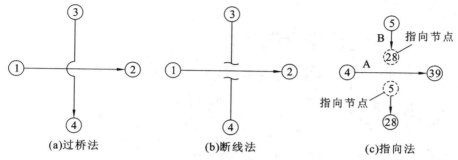

(a)过桥法　　　　　(b)断线法　　　　　(c)指向法

图 4-17　箭线交叉的处理方法

4. 网络图的排列方法

1）工艺顺序按水平方向排列

这种方法是指按水平方向排列施工工艺顺序的各个工作，按垂直方向排列施工段。例如，某基础工程有挖土、浇垫层、砖基础、回填土四个施工工艺工程，分两个施工段来组织施工，其工艺顺序按水平方向排列的网络图如 4-18 所示。

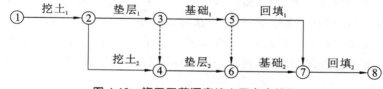

图 4-18　施工工艺顺序按水平方向排列

2）施工段按水平方向排列

这种方法是指按水平方向排列各个施工段，按垂直方向排列施工工艺顺序，如图 4-19 所示的网络图即为按水平方向排列施工段的网络图。

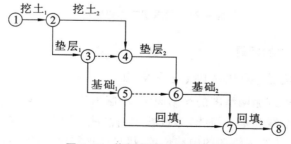

图 4-19　施工段按水平方向排列

5. 网络图的连接

一个规模比较复杂的工程或者有多幢房屋的工程,在编制网络计划时,一般先按不同的分部工程编制局部网络图,然后根据其相互之间的逻辑关系进行连接,形成一个总体网络图。如图 4-20 所示的是某项目工程的基础工程、主体工程和装修工程三个分部工程的局部网络图连接而成的总体网络图。

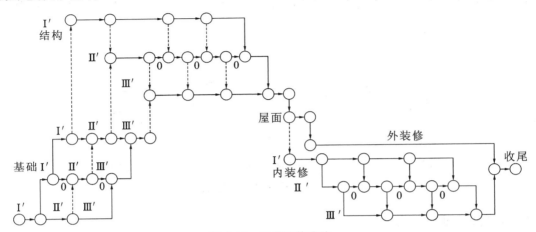

图 4-20　网络图的连接

为了将分别绘制的局部网络图连接起来,绘制局部网络图时应考虑彼此之间的联系。同时还应注意:①必须有统一的构图和排列形式;②整个网络图的节点编号要统一;③施工过程划分的粗细程度应一致;④各分部工程之间应预留连接节点。

在一个施工计划的网络图中,为了简化网络图的绘制,也为了突出网络计划的重点,一般采取"局部详细、整体简略"的方法来绘制,这种方法称为详略组合。例如,某多层或高层建筑,其各层的结构是统一的标准设计,各层的施工过程及其工程量大致相同,在编制施工网络计划时,只要详细的绘制一个标准层的网络图,其他的相同层就可以简略绘制。如图 4-21 所示。

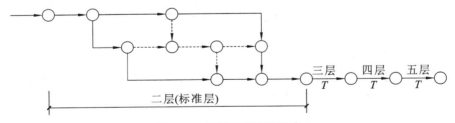

图 4-21　网络图的详略组合

6. 绘制网络图应注意的问题

1) 网络图应布局规整、条理清晰、重点突出

绘制网络图时,应首先遵循网络图的绘制规则,绘制出符合工艺要求和组织逻辑关系的网络计划图,应尽量采用水平箭线和垂直箭线,尽量减少斜箭线,使网络图规整、清晰。其次,应尽量将关键工作和关键线路布置在网络图的中心位置,尽可能地将密切相连的工作安排在一起,使网络图条理清楚,层次分明,更加能突出重点,操作起来能够抓住主要矛盾。

2）构图形式应简捷、易懂

绘制网络图时，一般的箭线应以水平箭线为主，竖直箭线为辅，如图 4-22(a)所示。应尽量避免箭线交叉，避免用曲线，必要时可以通过调整布局达到要求，如图 4-22(b)所示的曲线应避免使用。

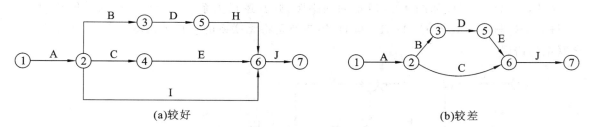

(a)较好   (b)较差

图 4-22　网络图的构图形式

3）正确应用虚箭线

绘制网络图时，正确使用虚箭线可以使网络图中的逻辑关系更加明确、清楚，虚箭线的作用主要是：连接、区分和断路。

（1）连接作用。用虚箭线连接逻辑关系。

【例 4-1】　A、B、C、D、E、F 六项工作，A 工作完成以后 B 工作才能开始，工作 A、C 完成后，工作 D 才能开始，工作 E 完成后，工作 F 才能开始，绘制网络图。

【解】　图 4-23(a)中的 B 工作的紧前工作是 A 工作，D 工作的紧前工作是 C 工作。但是由于 D 工作的紧前工作是 A、C，要将 A 工作与 D 工作的逻辑关系连接起来就需要使用虚箭线，如图 4-23(b)所示。这里的虚箭线起到了连接作用。

但是也不能因为虚箭线的连接作用，而增加多余的虚箭线。网络图中应力求减少不必要的虚箭线，如图 4-23(a)中⑤—⑥、④—⑥之间的虚箭线就是多余的，正确的画法如图 4-23(b)所示。

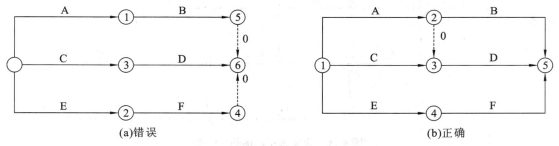

(a)错误   (b)正确

图 4-23　虚箭线的连接作用示意图

（2）区分作用。用虚箭线区分逻辑关系。

【例 4-2】　A、B、C 三项工作，工作 A、B 完成后，工作 C 才能开始，绘制网络图。

【解】　图 4-24(a)中的逻辑关系是正确的，但是出现了两个代号代表两项工作，无法区分①——②究竟代表的是 A 工作还是 B 工作的问题，因此需要在 B 工作和 C 工作之间引进虚箭线加以区分，如

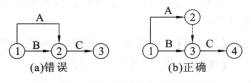

(a)错误   (b)正确

图 4-24　虚箭线的区分作用示意图

图 4-24(b)所示。这里的虚箭线起到了区分的作用。

（3）切断作用。用虚箭线切断逻辑关系。

【例 4-3】 某工程有 A、B、C、D 四个施工过程,在平面上分为三个施工段,组织流水施工,试绘制双代号网络图。

【解】 如果绘制成如图 4-25 所示的网络图,则其逻辑关系是错误的。因为该网络图中的 A_2 与 C_1, B_2 与 D_1, A_3 与 C_2、D_1, B_3 与 D_2 等四处是将无联系的工作关系联系上了,即出现了多余联系的错误。

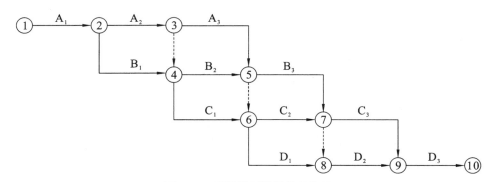

图 4-25 逻辑关系错误的网络图

为了消除这种错误的联系,可在出现逻辑关系错误的节点之间增设新节点(即要增加虚箭线),切断毫无关系的工作之间的逻辑关系,正确的网络图如图 4-26 所示。图 4-26 中增加了③—⑤、⑦—⑨、⑥—⑧、⑩—⑫四个虚箭线,起到了切断逻辑关系的作用。

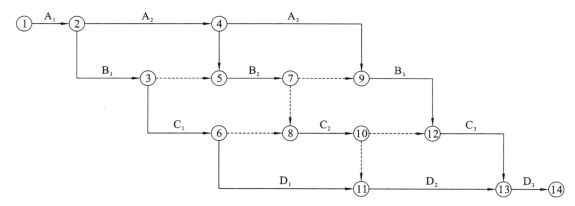

图 4-26 逻辑关系正确的网络图

7. 绘制双代号网络计划的示例

绘制网络图的一般过程是,首先根据绘制规则绘制草图,再进行调整,最后绘制成形,并进行节点编号。

【例 4-4】 根据表 4-3 中各工作的逻辑关系,绘制双代号网络图并进行节点编号。

【解】 绘制结果如图 4-27 所示。

表 4-3　某分部工程各施工过程逻辑关系

施工过程	A	B	C	D	E	F	G	H
紧前工作	—	—	AB	C	C	E	E	DG
紧后工作	C	C	DE	H	FG	—	H	—

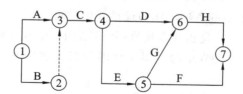

图 4-27　某分部工程网络图

三、双代号网络图时间参数的计算

计算双代号网络图时间参数的目的有以下几点。

（1）通过计算各项工作的时间参数，确定网络计划的关键线路和计算工期。确定了关键线路，进而找出关键工作，才能在工作中能够抓住主要矛盾，向关键线路要时间。

（2）通过计算非关键线路上的富余时间，明确其存在多少机动时间，向非关键线路要劳动力、要资源，为网络计划的优化、调整和执行提供明确的时间参数和依据。

（3）确定总工期，做到对工程进度心中有数。

双代号网络计划的时间参数的计算方法有：分析计算法、图上计算法、表上计算法、矩阵计算法和电算法等。本节只介绍分析计算法和图上计算法。

1. 双代号网络计划时间参数及其含义

1）工作的时间参数

（1）工作的持续时间（D_{i-j}）：是指一项工作从开始到完成的时间。在双代号网络图计划中，工作 $i-j$ 的持续时间用 D_{i-j} 表示。

（2）工作的最早开始时间（ES_{i-j}）：是指在其所有紧前工作全部完成后，本工作有可能开始的最早时刻。工作 $i-j$ 的最早开始时间用 ES_{i-j} 表示。

（3）工作的最早完成时间（EF_{i-j}）：是指在其所有紧前工作全部完成后，本工作有可能完成的最早时刻。工作的最早完成时间等于本工作的最早开始时间与其持续时间之和。工作 $i-j$ 的最早完成时间用 EF_{i-j} 表示。

（4）工作的最迟开始时间（LS_{i-j}）：是指在不影响整个任务按期完成的前提下，本工作必须开始的最迟时刻。工作的最迟开始时间等于本工作的最迟完成时间与其持续时间之差。工作 $i-j$ 的最迟开始时间用 LS_{i-j} 表示。

（5）工作的最迟完成时间（LF_{i-j}）：是指在不影响整个任务按期完成的前提下，本工作必须完成的最迟时刻。工作 $i-j$ 的最迟完成时间用 LF_{i-j} 表示。

（6）工作的总时差（TF_{i-j}）：是指在不影响总工期的前提下，本工作可以利用的机动时间。但是在网络计划的执行过程中，如果利用某项工作的总时差，则有可能使该工作后续工作的总时差减少。工作 $i-j$ 的总时差用 TF_{i-j} 表示。

（7）工作的自由时差（FF_{i-j}）：是指在不影响其紧后工作最早开始时间的前提下，本工作可

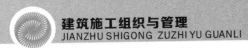
以利用的机动时间。在网络计划的执行过程中,工作的自由时差是该工作可以自由使用的时间。工作 i—j 的自由时差用 FF_{i-j} 表示。

(8)工作时间参数的标注形式,如图4-28所示。

2)节点的时间参数

(1)节点的最早时间(ET_i):是指在双代号网络计划中,节点(也称为事件)的最早可能发生时间,也是以该节点为开始节点的各项工作的最早开始时间。节点 i 的最早时间用 ET_i 表示。

(2)节点的最迟时间(LT_i):是指在双代号网络计划中,在不影响工期的前提下,节点的最迟发生时间,也是以该节点为完成节点的各项工作的最迟完成时间。节点 i 的最迟时间用 LT_i 表示。

(3)节点时间参数标注形式,如图4-29所示。

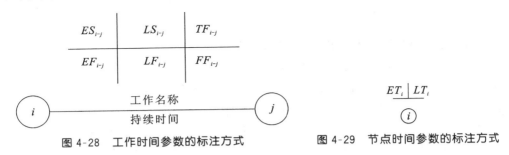

图 4-28　工作时间参数的标注方式　　　　图 4-29　节点时间参数的标注方式

3)网络计划的工期

工期泛指完成一项任务所需要的时间。在网络计划中,工期一般有以下三种。

(1)计算工期(T_c):是指根据网络计划时间参数通过计算求得的网络计划的工期,用 T_c 表示。

(2)要求工期(T_r):是指合同规定或业主要求、企业上级要求的工期,即任务委托人所提出的指令性工期,用 T_r 表示。

(3)计划工期(T_p):是指根据要求工期和计算工期所确定的作为实施目标的工期,即完成网络计划的计划(打算)工期,用 T_p 表示。

当已规定了要求工期时,计划工期不应超过要求工期,见式(4-1)。

$$T_p \leqslant T_r \tag{4-1}$$

当未规定要求工期时,可令计划工期等于计算工期,见式(4-2)。

$$T_p = T_c \tag{4-2}$$

2. 按节点计算法计算时间参数

节点计算法就是先计算网络计划的各个节点的最早时间和最迟时间,然后再根据节点的可能时间计算各项工作的时间参数和网络计划的工期。节点的时间参数标注在节点之上,如图4-29所示。

网络计划时间参数中的开始时间和完成时间都应以时间单位的终了时刻为标准。如第三天开始即是指第三天终了(下班)时刻开始,实际上是第四天上班时刻才开始的;第五天完成即是指第五天终了(下班)时刻完成。

下面以图4-30所示的双代号网络图为例,说明按节点计算法计算时间参数的过程。其计算结果如图4-31所示。

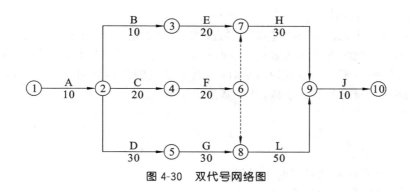

图 4-30　双代号网络图

1）计算节点的最早时间和最迟时间

（1）计算节点的最早时间。

节点的最早时间就是该节点紧前工作全部完成，紧后工作最早可能开始的时间。

网络计划的起点节点，如未规定最早时间时，一般起点节点的最早时间取值为零，其他节点的最早时间等于从起点节点到达该节点的各线路中累加时间的最大值。其计算公式如下。

$$ET_1 = 0 \qquad (4-3)$$

任意中间节点 j 的最早时间 ET_j 为：

$$ET_j = \max(ET_i + D_{i-j}) \qquad (4-4)$$

式中：ET_j——节点 j 的紧前节点 i 的最早时间；

D_{i-j}——工作 i—j 的持续时间。

如图 4-30 所示的网络图中的各节点的最早时间计算过程如表 4-4 所示。

表 4-4　节点最早时间计算过程

节点	计算过程：$ET_j = \max(ET_i + D_{i-j})$	节点的最早时间（ET_j）
①	0	0
②	$0+10=10$	10
③	$10+10=20$	20
④	$10+20=30$	30
⑤	$10+30=40$	40
⑥	$30+20=50$	50
⑦	$\left.\begin{array}{l} 20+20=40 \\ 50+0=50 \end{array}\right\}$取大值	50
⑧	$\left.\begin{array}{l} 40+30=70 \\ 50+0=50 \end{array}\right\}$取大值	70
⑨	$\left.\begin{array}{l} 50+30=80 \\ 70+50=120 \end{array}\right\}$取大值	120
⑩	$120+10=130$	130

计算节点的最早时间，从起始节点开始，顺着箭线方向由左向右依次逐项进行。几个箭线同时指向同一节点时，应取该节点的紧前工作结束时间的最大值，作为该节点的最早可能开始时间。归纳为顺着箭线相加，逢箭头相碰的节点取最大值。

（2）计算节点的最迟时间。

节点的最迟时间就是在不影响终点节点的最迟时间的前提下，结束于该节点的各工序最迟必须完成的时间。一般终点节点的最迟完成时间应以工程总工期为准，当无规定的情况下，终点节点最迟结束时间就等于终点节点的最早时间，其他节点的最迟时间等于从终点节点逆向到达该节点的各线路中累减时间的最小值，其计算公式如下。

首先确定计算工期 T_c。

$$T_c = ET_n \tag{4-5}$$

式中：T_c——计算工期；

ET_n——终点节点 n 的最早开工时间。

图 4-30 所示的网络图的计算工期为：$T_c = ET_{10} = 130$。

计算工期得到后，可确定计划工期 T_p，计划工期应满足式（4-1）或式（4-2）。在图 4-30 所示的网络计划中，假设未规定要求工期，则其计划工期就等于计算工期，也即是终点节点的最迟时间就等于终点节点的最早时间。

当未规定工期时，有 $\qquad LT_n = T_p = T_c = ET_n \tag{4-6}$

当规定工期为 T_r 时，有 $\qquad LT_n = T_r \tag{4-7}$

$$LT_i = \min(LT_j - D_{i-j}) \tag{4-8}$$

式中：LT_j——节点 j 的最迟时间；

D_{i-j}——工作 i—j 的持续时间。

如图 4-30 所示的网络图中的各节点的最迟时间计算过程如表 4-5 所示。

表 4-5　节点最迟时间计算过程

节点	计算过程：$LT_i = \min(LT_j - D_{i-j})$	节点的最迟时间（LT_i）
⑩	$LT_{10} = ET_{10} = 130$	130
⑨	$130 - 10 = 120$	120
⑧	$120 - 50 = 70$	70
⑦	$120 - 30 = 90$	90
⑥	$\left.\begin{array}{l} 90 - 0 = 90 \\ 70 - 0 = 70 \end{array}\right\}$ 取小值	70
⑤	$70 - 30 = 40$	40
④	$70 - 20 = 50$	50
③	$90 - 20 = 70$	70
②	$\left.\begin{array}{l} 70 - 10 = 60 \\ 50 - 20 = 30 \\ 40 - 30 = 10 \end{array}\right\}$ 取小值	10
①	$10 - 10 = 0$	0

节点的最迟时间是从网络图的结束节点开始，逆向推算出的各节点的最迟时间，也是各节点在保证计划工期的前提下最迟必须完成的时间。归纳为"逆着箭线相减，逢箭尾相碰的节点取最小值"。

如图 4-30 所示的网络图的节点时间参数的计算结果标注如图 4-31 所示。

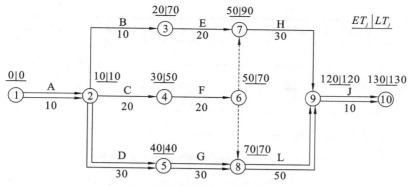

图 4-31　双代号网络图（按节点计算法）

2）确定关键线路和关键工作

在双代号网络图中，关键线路上的节点称为关键节点。关键工作两端的节点一定是关键节点，但是两端为关键节点的工作不一定是关键工作。关键节点的最迟时间与最早时间的差值最小。当网络计划的计划工期与计算工期相等时，关键节点的最早时间与最迟时间一定相等。

当利用关键节点判别关键线路和关键工作时，还要满足式（4-9）和式（4-10）。

$$ET_i + D_{i-j} = ET_j \tag{4-9}$$

$$LT_i + D_{i-j} = LT_j \tag{4-10}$$

例如，图 4-31 所示的网络图中，节点①、②、⑤、⑧、⑨、⑩就是关键节点。关键节点一定在关键线路上，但是由关键节点组成的线路不一定是关键线路。利用关键节点判别关键线路和关键工作时，还要满足式（4-9）和式（4-10）。图 4-31 所示的①——→②、②——→⑤、⑤——→⑧、⑧——→⑨、⑨——→⑩这五项工作均符合上式，故为关键工作。将上述各项关键工作依次连接起来，就是整个网络图的关键线路。如图 4-31 中的双箭线所示就是关键线路。

3. 按工作计算法计算时间参数

工作计算法就是以网络图中的工作为对象，直接计算各项工作的时间参数。这些时间参数包括：工作的最早开始时间和工作的最早完成时间，工作最迟开始时间和工作的最迟完成时间，工作的总时差和自由时差。此外，还应计算网络计划的计算工期。

下面以图 4-30 所示的双代号网络图为例，来说明按工作计算法计算时间参数的过程。其计算结果用图上计算法表示，如图 4-35 所示。

1）计算工作的最早开始时间 ES_{i-j}

工作的最早开始时间就是该工作最早可能开始时间，在此时间之前不具备开工条件。工作的最早开始时间的计算应从网络计划的起点节点开始，顺着箭线方向依次进行。工作最早开始时间等于该工作左节点的最早时间，不必重新计算，即：

$$ES_{i-j} = ET_i \tag{4-11}$$

计算如图 4-30 所示的网络计划中的工作最早开始时间，其计算过程如表 4-6 所示。

表 4-6　工作的最早开始时间计算过程

工作名称	左节点最早时间（ET_i）	工作最早开始时间（$ES_{i-j} = ET_i$）
A	0	0
B	10	10

工作名称	左节点最早时间（ET_i）	工作最早开始时间（$ES_{i-j}=ET_i$）
C	10	10
D	10	10
E	20	20
F	30	30
G	40	40
H	50	50
L	70	70
J	120	120

2）计算工作的最早完成时间 EF_{i-j}

工作的最早完成时间就是在各紧前工作全部完成后，该工作最早可能完成的时间，工作的最早完成时间等于该工作的最早开始时间与本工作作业时间之和，其计算公式如下。

$$EF_{i-j} = ES_{i-j} + D_{i-j} = ET_i + D_{i-j} \qquad (4\text{-}12)$$

计算如图 4-30 所示的网络计划中的工作最早完成时间，其计算过程如表 4-7 所示。

表 4-7　工作的最早完成时间计算过程

工作名称	工作最早开始时间（ES_{i-j}）	作业时间（D_{i-j}）	计算过程（$ES_{i-j}+D_{i-j}$）	工作最早完成时间（EF_{i-j}）
A	0	10	0＋10＝10	10
B	10	10	10＋10＝20	20
C	10	20	10＋20＝30	30
D	10	30	10＋30＝40	40
E	20	20	20＋20＝40	40
F	30	20	30＋20＝50	50
G	40	30	40＋30＝70	70
H	50	30	50＋30＝80	80
L	70	50	70＋50＝120	120
J	120	10	120＋10＝130	130

3）计算工作的最迟完成时间 LF_{i-j}

工作的最迟完成时间是在不影响整个计划按期完成的前提下，本工作最迟必须完成的时间，若超过此时间，将会影响整个计划总工期并导致后续各工作不能按时开工。工作的最迟完成时间是该工作的右节点的最迟时间，也不必另行计算，即：

$$LF_{i-j} = LT_j \qquad (4\text{-}13)$$

计算如图 4-30 所示的网络计划中的工作最迟完成时间，其计算过程如表 4-8 所示。

表 4-8 工作的最迟完成时间计算过程

工作名称	右节点最迟时间(LT_j)	工作最迟完成时间($LF_{i-j} = LT_j$)
A	10	10
B	70	70
C	50	50
D	40	40
E	90	90
F	70	70
G	70	70
H	120	120
L	120	120
J	130	130

4）计算工作的最迟开始时间 LS_{i-j}

工作的最迟开始时间是在不影响整个计划工期按时完成的条件下,本工作最迟必须开始的时间。工作最迟开始时间等于该工作最迟完成时间减去本工作作业时间,其计算公式如下。

$$LS_{i-j} = LF_{i-j} - D_{i-j} \tag{4-14}$$

计算如图 4-30 所示的网络计划中的工作最迟开始时间,其计算过程如表 4-9 所示。

表 4-9 工作的最迟开始时间计算过程

工作名称	工作最迟完成时间(LF_{i-j})	作业时间(D_{i-j})	计算过程($LS_{i-j} = LF_{i-j} - D_{i-j}$)	工作最迟开始时间(LS_{i-j})
A	10	10	$10-10=0$	0
B	70	10	$70-10=60$	60
C	50	20	$50-20=30$	30
D	40	30	$40-30=10$	10
E	90	20	$90-20=70$	70
F	70	20	$70-20=50$	50
G	70	30	$70-30=40$	40
H	120	30	$120-30=90$	90
L	120	50	$120-50=70$	70
J	130	10	$130-10=120$	120

5）计算工作的自由时差 FF_{i-j}

工作的自由时差如图 4-32 所示,是各工作在不影响紧后工作最早开始时间的前提下所具有的机动时间。

自由时差的特点有:自由时差小于或等于总时差;以关键线路上的节点为结束点的工作,其自由时差与总时差相等。

工作自由时差等于本工作的紧后工作最早开始时间减去本工作最早完成时间所得之差,即:

$$FF_{i-j} = ES_{j-k} - EF_{i-j} = ES_{j-k} - ES_{i-j} - D_{i-j}(i \leqslant j) \qquad (4-15)$$

对于终点节点($j=n$)的自由时差 FF_{i-j} 按网络计划的计划工期 T_p 确定。

$$FF_{i-n} = T_p - ES_{i-n} - D_{i-n} \qquad (n \text{ 为终点节点}) \qquad (4-16)$$

计算如图 4-30 所示的网络计划中的工作自由时差,其计算过程如表 4-10 所示。

表 4-10　工作自由时差计算过程

工作名称	紧后工作最早开始时间(ES_{j-k})	本工作的最早完成时间(EF_{i-j})	计算过程($FF_{i-j} = ES_{j-k} - EF_{i-j}$)	工作自由时差(FF_{i-j})
A	10	10	$10-10=0$	0
B	20	20	$20-20=0$	0
C	30	30	$30-30=0$	0
D	40	40	$40-40=0$	0
E	50	40	$50-40=10$	10
F	50	50	$50-50=0$	0
G	70	70	$70-70=0$	0
H	120	80	$120-80=40$	40
L	120	120	$120-120=0$	0
J	130	130	$130-130=0$	0

6)计算工作总时差 TF_{i-j}

工作总时差如图 4-33 所示,是在不影响计划总工期(但可能影响前后工作结束或开始时间)的情况下,各工作所具有的机动时间。工作总时差等于该工作最迟完成时间与最早完成时间之差,或者为该工作最迟开始时间与最早开始时间之差。工作 $i-j$ 的总时差 TF_{i-j} 按式(4-17)计算。

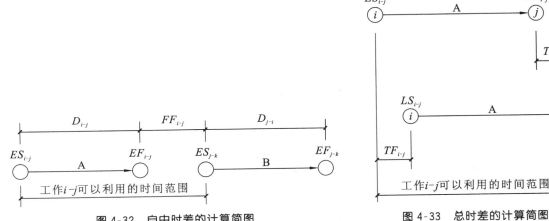

图 4-32　自由时差的计算简图　　　　　　图 4-33　总时差的计算简图

$$TF_{i-j} = LF_{i-j} - EF_{i-j} = LS_{i-j} - ES_{i-j} \qquad (4-17)$$

计算如图 4-30 所示的网络计划中的工作总时差,其计算过程如表 4-11 所示。

表 4-11   工作总时差计算过程

工作名称	工作最迟完成时间(LF_{i-j})	工作的最早完成时间(EF_{i-j})	计算过程($TF_{i-j}=LF_{i-j}-EF_{i-j}$)	工作总时差(TF_{i-j})
A	10	10	10－10＝0	0
B	70	20	70－20＝50	50
C	50	30	50－30＝20	20
D	40	40	40－40＝0	0
E	90	40	90－40＝50	50
F	70	50	70－50＝20	20
G	70	70	70－70＝0	0
H	120	80	120－80＝40	40
L	120	120	120－120＝0	0
J	130	130	130－130＝0	0

自由时差与总时差是相互关联的。总时差的使用具有双重性,它既可以被该工作所用,但又属于某非关键线路所共有。动用本工作自由时差不会影响紧后工作的最早开始时间,而动用本工作总时差超过本工作自由时差,则会相应减少紧后工作拥有的时差,并会引起该工作所在线路上所有其他非关键工作时差的重新分配。

自由时差为某非关键工作独立使用的机动时间,利用自由时差,不会影响其紧后工作的最早开始时间。非关键工作的自由时差必小于或等于其总时差。

工作的自由时差与总时差的关系如图 4-34 所示。

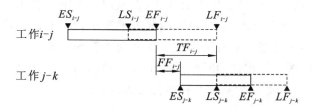

图 4-34   工作自由时差与总时差的关系示意图

如图 4-30 所示的网络图计划,经过以上分析计算,得出网络计划中工作的最早开始时间、最早完成时间、最迟开始时间、最迟完成时间、工作的自由时差和总时差后,在网络图中表示如图 4-35 所示。

7)确定关键工作和关键线路

在网络图中,总时差最小的工作为关键工作。当网络图的计划工期等于计算工期时,总时差为零的工作就是关键工作。例如,在如图 4-35 中,工作 A、D、G、L、J 这五项工作的总时差为零,故它们都是关键工作。凡总时差大于零的工作为非关键工作,凡是具有非关键工作的线路就是非关键线路。非关键线路与关键线路相交时的相关节点把非关键线路划分为若干个非关键线路段,各段有各段的总时差,相互没有关系。

找出关键工作后,这些关键工作所组成的线路就是关键线路,关键线路上各项工作的持续时

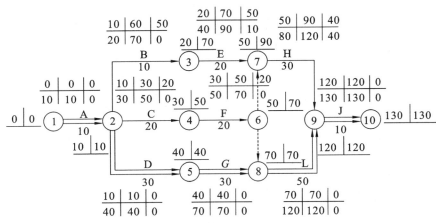

图 4-35　双代号网络图时间参数的计算

间总和最大。在关键线路上可能存在虚工作。

一个网络计划中,至少有一条关键线路,也可能有多条关键线路。关键线路一般用粗箭线或双箭线标出,也可以用彩色箭线标出。例如,在图 4-35 所示的案例中,由关键工作 A、D、G、L、J 所组成的线路①——→②——→⑤——→⑧——→⑨——→⑩为关键线路。关键线路上的各项工作的持续时间总和应等于网络计划的计算工期,这也是判别关键线路是否正确的准则。

4.3 绘制单代号网络图

单代号网络图是网络计划的另一种表示方法,它是用一个节点表示一项工作,工作名称、工作代号和持续时间等标注在节点内,节点用圆圈或方框表示,箭线只表示工作之间的逻辑关系。使用这种表示方法,将一项计划的所有工作按工作之间相互的逻辑关系从左到右绘制而成的网状图形,称为单代号网络图。使用这种网络图表示的计划称为单代号网络计划。单代号网络图如图 4-36 所示,图 4-37 所示的是常见的几种单代号表示法。

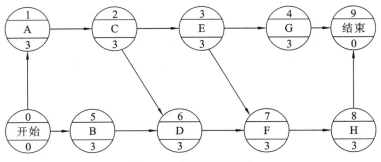

图 4-36　单代号网络图

单代号网络图是由节点和箭线组成的,其箭线表示紧邻工作之间的逻辑关系,节点则表示工作。工作之间的逻辑关系包括工艺关系和组织关系,在单代号网络图中均表现为工作之间的先后顺序。

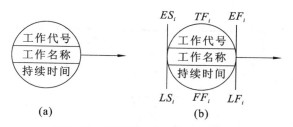

图 4-37　几种常见的单代号表示法

单代号网络图绘图简便,逻辑关系明确,没有虚箭线,便于检查修改。特别是随着计算机在网络计划中的应用的不断扩大,近年来国内外对单代号网络图逐渐重视起来。

一、组成单代号网络图的基本要素

单代号网络图由箭线、节点和线路三个基本要素组成,如图 4-36 所示。

(1)箭线　单代号网络图中的箭线仅仅表示工作之间的逻辑关系,它既不占用时间也不消耗资源,箭头所指的方向表示工作的进行方向,在单代号网络图中,箭线都是实箭线,没有虚箭线,箭线应保持自左向右的方向,箭线的形状可根据绘图需要而定。

(2)节点　单代号网络图的一个节点表示一项工作,节点可采用圆圈,也可以采用方框。工作名称或内容、工作编号、工作持续时间及工作时间参数都可写在圆圈或方框内,如图 4-37所示。

根据单代号网络图的特点,在单代号网络图的开始和结束应设置虚拟的起点节点和虚拟的终点节点,这是单代号网络图所特有的。如图 4-36 所示。

(3)线路　单代号网络图的线路和双代号网络图的线路的含义是相同的,即从起点节点沿着箭线的方向顺序到达终点节点的通路,称为单代号网络图的线路。从网络图的起点节点到达终点节点之间持续时间最长的线路称为关键线路,其余的线路称为非关键线路。

二、单代号网络图的绘制方法

1. 正确表示工作之间的各种逻辑关系

单代号网络图和双代号网络图所表达的计划内容是一致的,二者的区别仅在于绘图的符号不同。如表 4-12 所示的是单代号和双代号网络图表示方法实例。

表 4-12　单代号与双代号网络图逻辑关系表达比较示例

序号	工作间逻辑关系	网络图表示方法	
		双代号	单代号
1	A、B、C 三项工作依次进行	①—A→②—B→③—C→④	Ⓐ→Ⓑ→Ⓒ

序号	工作间逻辑关系	网络图表示方法	
		双代号	单代号
2	A、B、C 三项工作同时开始		
3	X、Y、Z 三项工作同时结束		
4	A、B、C 三项工作，只有 A 完成后，B、C 才能开始		
5	B、C、D 三项工作，只有 B、C 完成后，D 才能开始		
6	E 工作结束后，H 工作可以开始；E、F 工作均结束后，I 工作才能开始		
7	J、K 二项工作均完成后，L、M 工作才能开始		
8	A 工作结束后，B、C 工作可同时开始；B、C 工作均完成后，D 才能开始		

序号	工作间逻辑关系	网络图表示方法	
		双代号	单代号
9	A 工作结束后,B、C 工作可以开始;B 工作结束后,D 工作可以开始;B、C 工作均结束后,E 工作才能开始;D、E 工作结束后,F 工作开始		
10	B、C 完成后,E 才能开始;A、B、C 均完成后,D 才能开始		
11	A、B、C 三项工作分为三个施工段,进行搭接流水施工		

2. 单代号网络图的规则

（1）单代号网络图中的节点必须编号。编号标注在节点内,其号码可间断,但严禁重复。箭线的箭尾节点编号应小于箭头节点编号。一项工作必须有唯一的一个节点及相应的一个编号。

（2）用数字代表工作的名称时,宜由小到大按活动先后顺序编号。

（3）严禁出现循环回路。

（4）严禁出现双向箭头或无箭头的连线,严禁出现没有箭尾节点的箭线和没有箭头节点的箭线。

（5）箭线不宜交叉。当交叉不可避免时,可采用过桥法和指向法绘制。

（6）单代号网络图只应有一个起点节点和一个终点节点;当网络图中有多个起点节点或多个终点节点时,应在网络图的两端分别设置一项虚工作,作为该网络图的起点节点（开始）和终点节点（结束）。

（7）在同一网络图中,单代号和双代号的画法不能混用。

三、单代号网络图绘制示例

单代号网络图在绘制时,首先按工作展开的先后顺序绘出表示工作的节点,然后根据逻辑关系,将有紧前、紧后关系的工作节点用箭线连接起来。

【例 4-5】 根据表 4-13 所示的各施工过程的逻辑关系,绘制单代号和双代号网络图,并比较

二者的不同。

表 4-13　各工作之间的逻辑关系

工作名称	持续时间	紧 前 工 作	紧 后 工 作
准备工作	4	—	外模加工、支内模、钢筋加工
外模加工	5	准备工作	支外模1
支内模	6	准备工作	扎筋1
钢筋加工	4	准备工作	扎筋1
扎筋1	2	支内模、钢筋加工	支外模1、扎筋2
支外模1	3	外模加工、扎筋1	支外模2、浇筑砼1
扎筋2	2	扎筋1	支外模2
浇筑砼1	1	支外模1	浇筑砼2
支外模2	3	支外模1、扎筋2	浇筑砼2
浇筑砼2	1	浇筑砼1、支外模2	—

【解】　双代号网络图如图 4-38 所示,单代号网络图如图 4-39 所示。

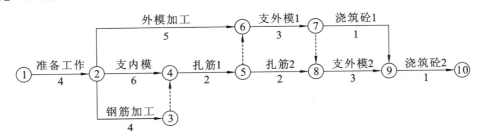

图 4-38　双代号网络计划

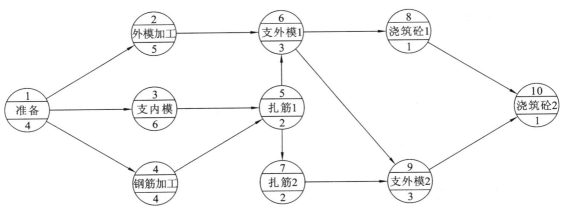

图 4-39　单代号网络计划

四、单代号网络图与双代号网络图的特点比较

（1）单代号网络图绘制方便，不必增加虚工作。

（2）单代号网络图便于说明，容易理解和易于修改。

（3）双代号网络图表示的工程进度比单代号网络图更形象，特别是在应用带时间坐标的网络图中。

（4）单代号网络图采用计算机进行计算和优化其过程更为简便。

由于单代号网络图和双代号网络图有其各自的优缺点，并且两种表示法在不同的情况下，其表现的繁简程度是不同的。有些情况下，应用单代号表示法比较简单；有些情况下，应用双代号表示法要简单。因此，单代号和双代号网络图是两种相互补充、各具特色的表现方法。

4.4 绘制时间坐标网络图 ··

一、时间坐标网络图的概念

时间坐标网络图是无时间坐标的双代号网络计划与横道图的时间坐标的有机结合，吸取了二者的长处，使其结合起来应用的一种网络计划方法。时间坐标网络图是以时间坐标为尺度（按工作持续时间长短比例）编制的双代号网络计划，简称为时标网络。

前面所介绍的双代号网络计划是通过标注在箭线下方的数字来表示工作的持续时间，在绘制无时间坐标的双代号网络计划时，持续时间与箭线的长短无关。无时间坐标的网络计划更改比较方便，但是由于没有时间坐标，看起来不太直观，在工程中使用也不方便，不能一目了然的在网络图上直接看出各项工作的开始时间和完成时间。应用无时间坐标的网络计划来反映出各个工作进展的具体时间情况，必须通过计算各个时间参数才能完成。如果将横道图的时间坐标引入到双代号网络图中，就产生了时间坐标网络计划，就可以很直观地从网络图中看出工作的最早开始时间，自由时差及总工期等时间参数。时间坐标网络计划结合了横道图和网络图的优点，应用起来更加方便、直观。

二、时间坐标网络计划的特点

（1）时间坐标网络计划中，箭线的长短表示工作的持续时间。

（2）可以直接在网络图显示各个工作的时间参数和关键线路，不必计算。

（3）因为有时间坐标，时标网络图中不会产生闭合回路。

（4）可以直接在时标网络图的下方绘制出资源动态曲线，便于计划的分析和控制。

（5）因为时间坐标的限制，修改不太方便。

（6）有时会出现虚工作占用时间的情况。

三、时间坐标网络计划的绘制要求

时间坐标网络计划直观明了地揭示了各工作的逻辑关系和时间参数，方便计划的实施、控制

和优化、调整。在时间坐标网络计划上编制各种资源需要量计划及降低工程成本计划时，具有整合工程项目进度、成本、资源等多重管理目标的作用，是大型项目建设中广泛应用的计划安排和管理工具。其应注意的事项如下。

（1）时间坐标网络计划必须以水平时间坐标为尺度表示工作时间，时间坐标的时间单位可以为天、周、旬、月或季等。

（2）时间坐标网络计划以实箭线表示工作，以虚箭线表示虚工作，波形线表示工作的自由时差。箭线宜用水平箭线或由水平段和垂直段组成的箭线，不宜用斜箭线。

（3）时间坐标网络计划中所有符号在时间坐标上的水平投影位置须与其时间参数相对应，节点中心须对准相应的时间坐标位置。虚工作以垂直方向的虚箭线表示，有自由时差时加波形线表示。

（4）时间坐标网络计划宜按最早时间编制。

（5）时间坐标网络计划表中的刻度线宜为细线。为了使图面清楚，此线也可以不画或少画。

四、时间坐标网络计划的绘制方法

时间坐标网络计划的绘制方法有直接绘制法和间接绘制法等。

1. 直接绘制法

直接绘制法是不经过计算时间参数，直接绘制时间坐标网络图的方法。其适用于小型网络或分段网络的手工绘制。其绘制方法及特点如下。

（1）绘制坐标线，将起点定位于时间坐标表上的起始刻度线上。

（2）按工作开展的先后顺序详细列出各工作名称和持续时间。

（3）从起始节点开始，自左向右依次定位各工作的箭尾和箭头节点，绘出箭线，直至终点节点绘完。

（4）箭尾节点定位在最早开始时间刻度上，箭头节点定位在最迟完成时间刻度上，当工作的箭线长度达不到该节点时，用波形线补足。

（5）虚工作持续时间为零，应尽量将其画成垂直线。若出现虚工作占用时间的情况，就表明工作面有停歇或施工作业队工作不连续。

直接绘制法的绘图口诀为：时间长短坐标限，曲直斜平应相连，箭杆到齐画节点，画完节点补波线，零杆尽量拉垂直，否则安排有缺陷。

2. 间接绘制法

间接绘制法是先计算网络计划的时间参数，然后根据时间参数在时间坐标上进行绘制的方法。其绘制方法及特点如下。

（1）先绘出一般双代号网络计划，算出时间参数、确定出关键工作和关键线路。

（2）根据时间参数绘制时间横轴，时间坐标的单位必须注明。

（3）时间坐标网络计划一般是根据各节点的最早时间（或各工作的最早开始时间）来绘制的。

（4）绘制时间坐标网络计划时，宜先绘出关键线路，再绘出非关键线路，某些工作箭线长度不足以达到该工作的完成节点时，用波形线补足，箭头画在波形线与节点的连接处。

（5）在时间坐标网络图中，有时出现虚线的投影长度不等于零的情况，其水平投影长度为该虚工作的时差。

（6）把时差为最小的箭线从起点节点到终点节点连接起来，并用粗线或双箭线表示，即形成时间坐标网络计划的关键线路。

间接绘制法适用于复杂、大型时间坐标网络计划的绘制。

3. 举例

根据已知的双代号网络图，绘制出时间坐标网络图。

【例4-6】 请将如图4-40所示的双代号网络图，改绘制成时间坐标网络图（如图4-41所示）。

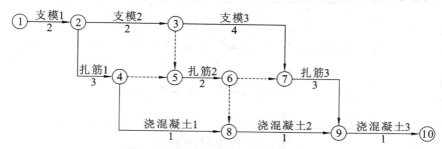

图4-40　无时间坐标的双代号网络图

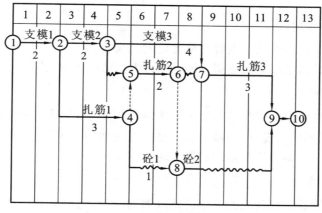

图4-41　时间坐标网络图

【例4-7】 请将如图4-42所示的双代号网络图，改绘制成时间坐标网络图（如图4-43所示）。

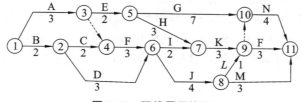

图4-42　双代号网络图

五、时间坐标网络计划的分析

1. 虚工作（虚箭线）分析

（1）连接组织关系的虚工作占有时间长度，意味着该段时间内作业人员出现停歇。

（2）连接工艺关系的虚工作占有时间长度，意味着该段时间内工作面发生空闲。

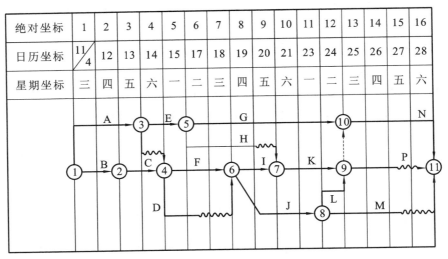

图 4-43　时间坐标网络图

2. 时间参数分析

1）网络计划的工期

时标网络的结束节点至开始节点所在位置的时间坐标值之差是时间坐标网络的计算工期，也即是时间坐标网络计划的终点节点到达的时刻即为网络计划的工期。

2）节点的时间参数

在按上述绘制方法绘制的双代号时间坐标网络计划中，每个节点的所在时刻即为该节点的最早时间；在不影响工期的前提下，将每个节点最大可能地向右推移（应保持各项工作的持续时间不变），所能到达的时刻即为该节点的最迟时间。

3）工作的时间参数

箭线的水平长度即为它所代表的工作的持续时间，工作起点节点所在时刻即为该工作最早开始时间，每根箭线结束点时刻即为该工作最早完成时间，每根箭线后的波形线长度即为该工作自由时差。

将每项工作箭线最大可能地向后推移之后，该工作箭线的开始时刻即为该工作的最迟开始时间，工作箭线结束点所到的时刻即为该工作的最迟完成时间。在最早时间时标网络图中，每条箭线的箭尾和箭头对应的时标值是该工作的最早开始时间和最早结束时间。

每项工作箭线从最早开始时刻到最迟开始时刻之间的距离就是该工作的总时差。

3. 关键线路分析

在时间坐标网络计划中，自终点节点逆箭线方向朝起点节点观察，自始至终不出现波形线（如果有虚工作的话，虚工作箭线不占时间长度）的线路即为关键线路。

4.5 网络计划优化 ⋯⋯⋯⋯⋯⋯⋯⋯⋯⋯⋯⋯⋯⋯⋯⋯⋯⋯⋯⋯⋯

网络计划的优化是指在编制阶段，在一定的约束条件下，按照期望的目标（如工期、资源、成本等)对初始网络计划进行调整、改进,以获得满意的施工组织计划。

网络计划表示的逻辑关系通常有两种:一是工艺关系,由工艺技术要求的工作先后顺序关系;二是组织关系,为施工组织时按需要进行的工作先后顺序安排。通常情况下,网络计划优化时,只能调整工作间的组织关系。

网络计划的优化目标按计划任务的需要和条件可分为三个方面,即工期目标、费用目标和资源目标。根据优化目标的不同,网络计划的优化相应地分为工期优化、费用优化和资源优化三种。

一、工期优化

1. 工期优化的概念

工期优化也称时间优化,就是通过压缩计算工期,以达到既定工期目标,或者在一定约束条件下,使工期最短的过程。

工期优化一般是通过压缩关键线路的持续时间来满足工期要求的。在优化过程中应注意不能将关键线路压缩成非关键线路,当出现多条关键线路时,必须将各条关键线路的持续时间压缩同一数值。

工期优化的目的是当网络计划计算工期不能满足要求工期时,通过不断压缩关键线路上的关键工作的持续时间等措施,达到缩短工期,满足要求的目的。

2. 工期优化的步骤与方法

(1) 通过计算找出网络计划中的关键线路和关键工作,求出计划工期 T_c。

(2) 按要求工期计算应缩短的时间。若计划工期 T_c >要求工期 T_r,则界定压缩目标为:$\triangle T = T_r - T_c$。

(3) 根据下列因素选择应优先缩短持续时间的关键工作。

① 缩短持续时间对工程质量和施工安全影响不大的工作。

② 有充足储备资源的工作。

③ 缩短持续时间所需增加的资源、费用最少的工作。

(4) 将应优先缩短的工作缩短至最短持续时间,并找出关键线路,若被压缩的工作变成了非关键工作,则应将其持续时间适当延长至刚好恢复为关键工作。

(5) 完成步骤(4)后若 T_c > T_r,则继续压缩某些关键工作的持续时间,对多条关键线路的不同关键工作应设定相同的压缩幅度。

(6) 重复上述过程直至满足工期要求或工期无法再缩短为止。使计划工期缩短幅度达到要求工期,工期优化过程结束。

当采用上述步骤和方法后,工期仍不能缩短至要求工期时应采用加快施工的技术、组织措施来调整原施工方案,重新编制进度计划。如果属于工期要求不合理,无法满足时,应重新确定要求的工期目标。

3. 工期优化示例

【例 4-8】 已知某工程网络计划的初始方案如图 4-44 所示,图中箭杆下方为工作正常作业时间,括号内的数据为该工作的最短作业时间,假定合同工期为 40 天。

【解】 工作优先压缩顺序为 G、B、C、H、E、D、A、F。

99

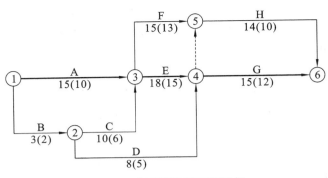

图 4-44 某工程初始网络计划

（1）用标号法计算初始网络计划的时间参数，找出关键工作及关键线路。计算结果如图 4-45 所示，图中 A-E-G（①——→③——→④——→⑥）为关键线路。

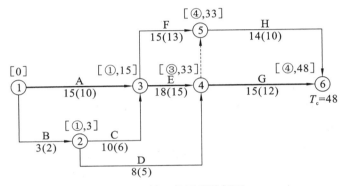

图 4-45 某工程网络计划图

（2）确定网络计划应予压缩的天数为 8 天。

（3）将 G 工作的持续时间压缩为极限持续时间，即由原来的 15 天压缩到 12 天。重新计算网络计划时间参数，新的关键线路取代了原关键线路，如图 4-46 所示。

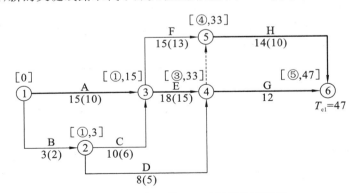

图 4-46 G 工作压缩 3 天时间后的网络图

G 工作压缩后成了非关键工作，应对照关键线路 47 天将 G 工作的压缩幅度恢复，即 G 工作只能压缩 1 天。经过调整 A-E-G 被恢复为与 A-E-H 等长的关键线路，G 工作的关键工作地位也得到重新恢复。关键线路有 A-E-G 和 A-E-H 两条关键线路，如图 4-47 所示。

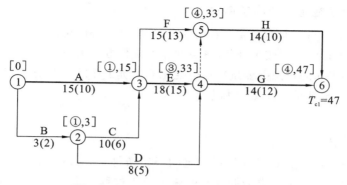

图 4-47 G 工作压缩 1 天后的网络图

（4）为使工期压缩有效，应同时压缩 A-E-G 和 A-E-H 两条关键线路，工期为 45 天。

取 G、H 两工作的极限持续时间同时各压缩 2 天，计算工期 T_{c2}，关键线路为 A-E-G 和 A-E-H，如图 4-48 所示。

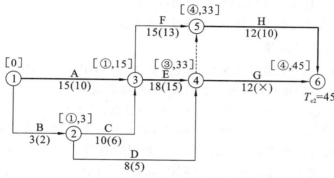

图 4-48 G 工作和 H 工作都分别压缩 2 天后的网络图

（5）依工作压缩顺序，先压缩 E 工作至极限持续时间（3 天），再压缩 A 工作至适当程度（2 天）。

重新计算工期 T_{c3}，重新确认关键线路。关键线路则除 A-E-G 和 A-E-H 外，新增了 A-F-H、A-B-C-F-H 和 A-B-C-E-G，如图 4-49 所示。

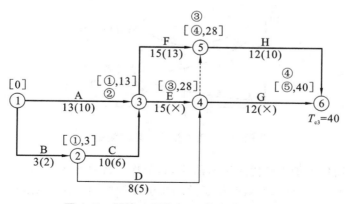

图 4-49 压缩 A 工作、E 工作后的网络图

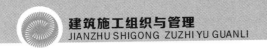

4. 计算工期小于或等于合同工期时

若计算工期小于合同工期不多或二者相等时，一般可不必优化。

若计算工期小于合同工期较多，则宜进行优化。优化方法为：首先延长个别关键工作的持续时间（相应减少这些工作的资源需要量），相应变化非关键工作的时差；然后重新计算各工作的时间参数，反复进行，直至满足合同工期为止。

二、费用优化

费用优化也称成本优化，其目的是在一定的限定条件下，寻求工程总成本最低时的工期安排，或者满足工期要求前提下寻求最低成本的施工组织过程。也就是通过不同工期及其相应工程费用的比较，寻求与工程费用最低相对应的最优工期。

费用优化的目的就是使项目的总费用最低，优化应从以下几个方面进行考虑。

（1）在既定工期的前提下，确定项目的最低费用。

（2）在既定的最低费用限额下完成项目计划，如何确定最佳工期。

（3）若需要缩短工期，则考虑如何使增加的费用最小。

（4）若新增一定数量的费用，则可给工期缩短到多少。

1. 工程费用与工期的关系

一项工程的总费用包括直接费用和间接费用。在一定范围内，建筑工程的费用和工期是相互影响和制约的，工期缩短将导致工程直接费增加、间接费减少；工期延长则工程直接费减少、间接费增加。总费用最低点所对应的工期（T_p）就是费用优化所要追求的最优工期。

如图 4-50 所示，直接费在一定范围内是和时间成反比关系的曲线，因施工时要缩短时间，须采取加班加点作业，需要增加许多非熟练工人，并且要增加机械设备和材料、照明费用等，所以直接费用也随之增加，然而工期缩短存在一个极限，也就是无论增加多少直接费，也不能再缩短工期。此极限称为临界点，此时的费用称为最短时间直接费，如图 4-51 所示的 A 点。反之，若延长时间，则可减少直接费用，然而时间延长至一个极限，则无论将工期延至多长，也不能再减少直接费用。此极限称为正常点，此时的工期称为正常工期，此时的费用称为最低费用或称为正常费用，如图 4-51 中所示的 B 点。

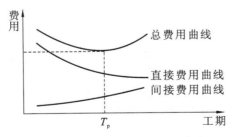

图 4-50　工程费用与工期的关系

按照直接费用增加代价小则优先压缩的原则，依次压缩初始网络计划关键线路及新的关键线路上各关键工作的持续时间，并观察随工期缩短引起的费用总体变化情况，最终找到与总成本最低相对应的适当工期。

直接费用曲线实际上并不像图中那样圆滑，而是由一系列线段组成的折线，并且越接近最高费用（极限费用），其曲线越陡。

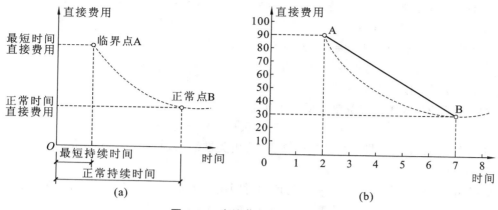

图 4-51　直接费与时间的关系

2. 费用优化的步骤和方法

（1）计算正常作业条件下的工程网络计划的工期、关键线路和总直接费、总间接费及总费用。

（2）计算各项工作的直接费率。

（3）在关键线路上，选择直接费率（或组合直接费率）最小并且不超过工程间接费率的工作作为被压缩对象。

（4）将被压缩对象压缩至最短，当被压缩对象为一组工作时，将该组工作压缩同一数值，并找出关键线路，如果被压缩对象变成了非关键工作，则需适当延长其持续时间，使其刚好恢复为关键工作为止。

（5）重新计算和确定网络计划的工期、关键线路和总直接费、总间接费、总费用。

（6）重复上述步骤（3）至步骤（5），直至找不到直接费率或组合直接费率不超过工程间接费率的压缩对象为止，此时即求出总费用最低的最优工期。

（7）绘制出优化后的网络计划。在每项工作上注明优化的持续时间和相应的直接费用。

3. 费用优化示例

【例 4-9】　已知某工程网络计划如图 4-52 所示。图中箭线下方括号外为正常持续时间，括号内为最短持续时间；箭线上方括号外为正常持续时间的直接费用（单位为千元）。工程间接费率为 0.8 千元/天，试对其进行费用优化。

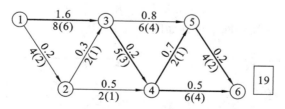

图 4-52　某工程初始网络计划的工期、关键线路、直接费率

【解】　（1）计算和确定正常作业条件下的网络计划工期、关键线路和总直接费、总间接费、总费用。

① 工期为 19 天，关键线路图中双线所示。

② 总直接费为：$(1.6 \times 8 + 0.2 \times 4 + 0.3 \times 2 + 0.5 \times 2 + 0.2 \times 5 + 0.8 \times 6 + 0.7 \times 2 + 0.5 \times 6 + 0.2 \times 4)$ 千元 $= 26.2$ 千元。

总间接费为：(0.8×19) 千元 $= 15.2$ 千元。

总费用为：$(26.2 + 15.2)$ 千元 $= 41.4$ 千元。

（2）计算各项工作的直接费率。

① 第一次压缩，选择直接费率最低的工作 3—4。

$$e_{3-4} = 0.2 \text{ 千元/天} < 0.8 \text{ 千元/天}$$

先将工作 3—4 压缩至最短持续时间 3 天，找出关键线路，则此时关键线路为图 4-53 中的双箭线所示，工期为 18 天。

关键线路发生了变化，将工作 3—4 的持续时间由 3 天延长至 4 天，使其恢复为关键工作，如图 4-54 所示。至此，第一次压缩结束。

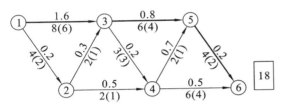
图 4-53 优化网络图（循环一）

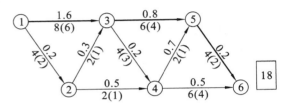
图 4-54 优化网络图（循环一）

第一次压缩后总直接费、总间接费、总费用计算如下。

总直接费：　　　　　　　　　　$(26.2 + 1 \times 0.2)$ 千元 $= 26.4$ 千元

总间接费：　　　　　　　　　　(0.8×18) 千元 $= 14.4$ 千元

总费用：　　　　　　　　　　　$(26.4 + 14.4)$ 千元 $= 40.8$ 千元

② 第二次压缩。同时压缩工作 3—4 和工作 5—6 的组合直接费率最小，即 $(0.2 + 0.2)$ 千元/天 $= 0.4$ 千元/天 < 0.8 千元/天，将其作为被压缩对象，同时压缩 1 天。第二次压缩后的网络计划如图 4-55 所示。

第二次压缩后，工期为 17 天，各项费用计算如下。

总直接费：$[26.4 + (0.2 + 0.2) \times 1]$ 千元 $= 26.8$ 千元

总间接费：(0.8×17) 千元 $= 13.6$ 千元

总费用：$(26.8 + 13.6)$ 千元 $= 40.4$ 千元

③ 第三次压缩，同时压缩工作 4—6 和工作 5—6。

组合直接费率：$(0.5 + 0.2)$ 千元/天 $= 0.7$ 千元/天 < 0.8 千元/天

同时压缩 1 天，第三次压缩的网络计划如图 4-56 所示。

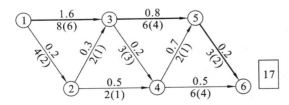
图 4-55 优化的网络图（循环二）

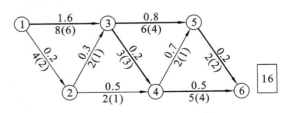
图 4-56 优化的网络图（循环三）

104

总直接费：	（26.8+0.7×1）千元=27.5 千元
总间接费：	（0.8×16）千元=12.8 千元
总费用：	（27.5+12.8）千元=40.3 千元

表 4-14 所示的为费用优化过程表。

表 4-14　费用优化过程表

压缩次数	压缩对象	直接费率或 组合直接费率	费率差 /（千元/天）	缩短时间 /天	工期 /天	总费用 /千元
（1）	（2）	（3）	（4）	（5）	（6）	（7）
0	—	—	—	—	19	41.4
1	③—④	0.2	−0.6	1	18	40.8
2	③—④ ⑤—⑥	0.4	−0.4	1	17	40.4
3	④—⑥ ⑤—⑥	0.7	−0.1	1	16	40.3
4	①—③	1.0	+0.2	—	—	—

三、资源优化

计划执行中，所需的人力、材料、机械设备和资金等统称为资源。资源优化的目标是通过调整计划中某些工作的开始时间和完成时间，使资源按照时间的分布符合优化目标。通常分两种模式：①"资源有限、工期最短"的优化；②"工期固定、资源均衡"的优化。

通常将某项工作在单位时间内所需某种资源的数量称为资源强度，用 r_{i-j} 表示；将整个计划在某单位时间内所需某种资源的数量称为资源需用量，用 Q_t 表示；将在单位时间内可供使用的某种资源的最大数量称为资源限量，用 Q_a 表示。资源优化的前提条件有如下几点。

（1）优化过程中，不改变网络计划中各项工作之间的逻辑关系。

（2）优化过程中，不改变网络计划中各项工作的持续时间。

（3）网络计划中各工作单位时间所需资源数量为合理常量。

（4）除明确可中断的工作外，优化过程中一般不允许中断工作，应保持其连续性。

1. "资源有限、工期最短"的优化

在满足有限资源的条件下，通过调整某些工作的投入作业的开始时间，使工期不延误或最少延误。

1）步骤与方法

（1）绘制时间坐标网络计划，逐时段计算资源需用量。

（2）逐时段检查资源需用量是否超过资源限量，若超过则进入第（3）步，否则检查下一时段。

（3）对于超过的时段，按总时差从小到大累计该时段中的各项工作的资源强度，累积到不超

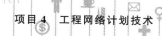

过资源限量的最大值,其余的工作推移到下一时段(在各项工作不允许间断作业的假定条件下,在前一时段已经开始的工作应优先累计)。

(4)重复上述步骤,直至所有时段的资源需用量均不超过资源限量为止。

2)资源优化示例

【例 4-10】 已知网络计划如图 4-57 所示。图中箭线上方数据为资源强度,下方数据为持续时间。若资源限量为 12 个数量单位,试对其进行"资源有限、工期最短"的优化。

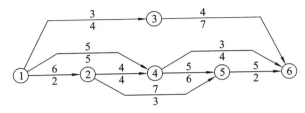

图 4-57 某工程网络图

【解】 (1)绘制时标网络计划,计算每天资源需用量,如图 4-58 所示。

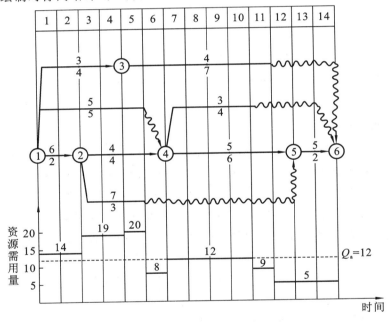

图 4-58 时间坐标网络图与资源曲线图

(2)逐时段将资源需用量与资源限量对比,0—2、2—4、4—5 三个时段的资源需用量均超过资源限量,需要调整。

(3)调整 0—2 时段,将该时段同时进行的工作按总时差从小到大对资源强度进行累计,累积到不超过资源限量(为 12)的最大值,即为 6+5=11<12,将工作 1—3 推移至下一时段。

其调整结果如图 4-59 所示。

(4)2—5 时段的资源需用量仍超过资源限量,需要调整。

资源强度累计为: 5+4+3=12

将工作 2—5 推移至下一时段,调整结果如图 4-60 所示。

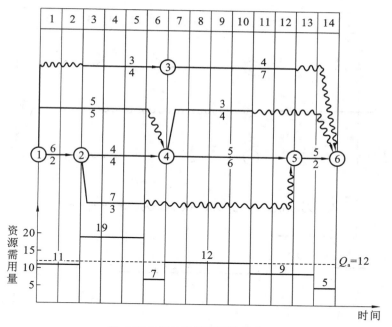

图 4-59　第一次调整后的网络图

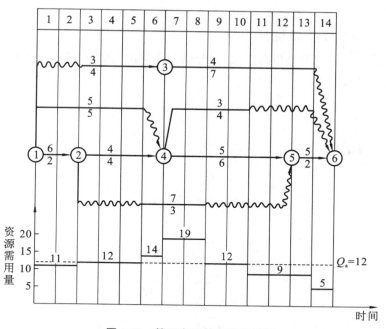

图 4-60　第二次调整后的网络图

（5）5—6、6—8 时段仍超出资源限量要求，需要调整。

该网络计划的"资源有限、工期最短"的优化的最后结果如图 4-61 所示。

2. "工期固定、资源均衡"的优化

在工期不变的条件下，尽量使资源需用量均衡，这样既有利于工程施工组织与管理，又有利

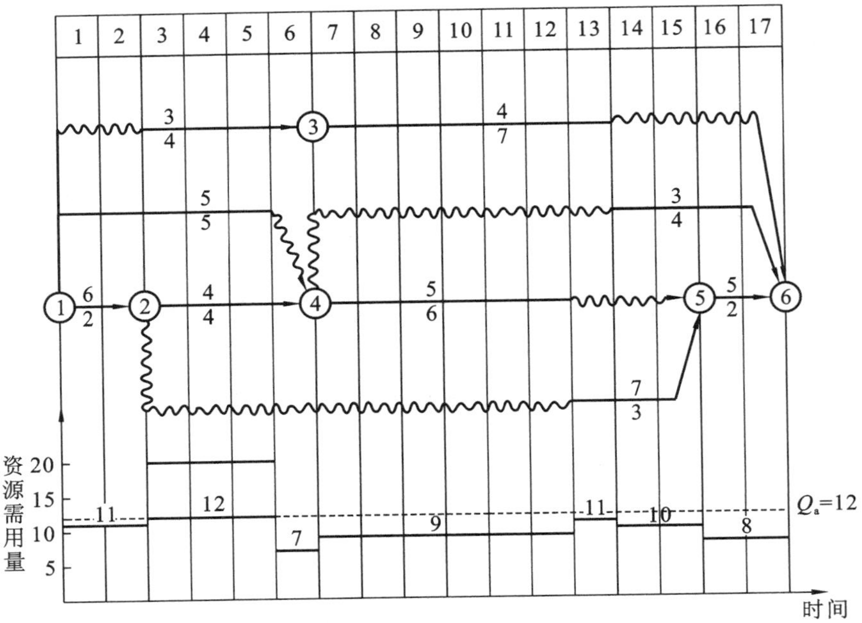

图 4-61 第三次调整后的网络图

于降低工程施工费用。

1）衡量资源均衡程度的指标

衡量资源需用量均衡程度的指标有三个,分别为不均衡系数、极差值、均方差值。

（1）不均衡系数 K。

$$K = \frac{Q_{max}}{Q_m}$$

式中: $Q_m = \frac{1}{T}(Q_1 + Q_2 + \cdots + Q_T) = \frac{1}{T}\sum_{t=1}^{T} Q_t$。

（2）极差值。

$$\Delta Q = \max\{|Q_t - Q_m|\}$$

（3）均方差值。

$$\sigma^2 = \frac{1}{T}\sum_{t=1}^{T}(Q_t - Q_m)^2$$

$$\sigma^2 = \frac{1}{T}\sum_{t=1}^{T}Q_t^2 - Q_m^2$$

若要令 σ^2 最小,须使 $\sum_{t=1}^{T}Q_t^2 = Q_1^2 + Q_2^2 + \cdots + Q_T^2$ 最小。

2）优化步骤与方法

（1）绘制时间坐标网络计划,计算资源需要量。

（2）计算资源均衡性指标,用均方差值来衡量资源均衡程度。

（3）从网络计划的终点节点开始,按非关键工作最早开始时间的先后顺序进行调整（关键工作不得调整）。

（4）绘制调整后的网络计划。

3）优化示例

【例 4-11】 以图 4-57 所示的网络计划为例，说明"工期固定、资源均衡"的优化的步骤和方法。

【解】（1）绘制时标网络计划，计算资源需用量，如图 4-58 所示。

（2）计算资源均衡性指标——均方差值。

$$\sum_{t=1}^{T} Q_t{}^2 = Q_1{}^2 + Q_2{}^2 + \cdots + Q_T{}^2$$

每次调整上式变化量如下。

$$\Delta = [Q'_{j+1}{}^2 - Q_{j+1}^2] - [Q_i^2 - Q'_i{}^2]$$
$$\Delta = [(Q_{j+1} + r_{k-1})^2 - Q_{j+1}^2] - [Q_i^2 - (Q_i - r_{k-1})^2]$$

$$Q_m = \frac{1}{T} \sum_{t=1}^{T} Q_t$$

$$= (1/14)(14 \times 2 + 19 \times 2 + 20 \times 1 + 8 \times 1 + 12 \times 4 + 9 \times 1 + 5 \times 3) = 11.86$$
$$\sigma_0^2 = 165 - 11.86^2 = 24.34$$

（3）优化调整。

① 第一次调整。

● 调整以终点节点 6 为结束节点的工作；首先调整工作 4—6，利用判别式判别能否向右移动。

$Q_{11} - (Q_7 - r_{4-6}) = 9 - (12-3) = 0$，可右移 1 天，$ES_{4-6} = 7$。

$Q_{12} - (Q_8 - r_{4-6}) = 5 - (12-3) = -4 < 0$，可右移 2 天，$ES_{4-6} = 8$。

$Q_{13} - (Q_9 - r_{4-6}) = 5 - (12-3) = -4 < 0$，可右移 3 天，$ES_{4-6} = 9$。

$Q_{14} - (Q_{10} - r_{4-6}) = 5 - (12-3) = -4 < 0$，可右移 4 天，$ES_{4-6} = 10$。

至此工作 4—6 调整完毕，在此基础上考虑调整工作 3—6。

$Q_{12} - (Q_5 - r_{3-6}) = 8 - (20-4) = -8 < 0$，可右移 1 天，$ES_{3-6} = 5$。

$Q_{13} - (Q_6 - r_{3-6}) = 8 - (8-4) = 4 > 0$，不能右移 2 天。

$Q_{14} - (Q_7 - r_{3-6}) = 8 - (9-4) = 3 > 0$，不能右移 3 天。

因此工作 3—6 只能向右移动 1 天。

工作 4—6 和工作 3—6 调整完毕后的网络计划如图 4-62 所示。

● 调整以节点 5 为结束节点的工作。

根据图 4-62 所示，只有工作 2—5 可考虑调整。

$Q_6 - (Q_3 - r_{2-5}) = 8 - (19-7) = -4 < 0$，可右移 1 天，$ES_{2-5} = 3$。

$Q_7 - (Q_4 - r_{2-5}) = 9 - (19-7) = -3 < 0$，可右移 2 天，$ES_{2-5} = 4$。

$Q_8 - (Q_5 - r_{2-5}) = 9 - (16-7) = 0$，可右移 3 天，$ES_{2-5} = 5$。

$Q_9 - (Q_6 - r_{2-5}) = 9 - (15-7) = 1 > 0$，不能右移 4 天。

$Q_{10} - (Q_7 - r_{2-5}) = 9 - (16-7) = 0$，不能右移 5 天。

$Q_{11} - (Q_8 - r_{2-5}) = 12 - (15-7) = 4 > 0$，不能右移 6 天。

$Q_{12} - (Q_9 - r_{2-5}) = 12 - (16-7) = 3 > 0$，不能右移 7 天。

因此工作 2—5 只能向右移动 3 天。

● 调整以节点 4 为结束节点的工作，只能考虑调整工作 1—4，通过计算不能调整。

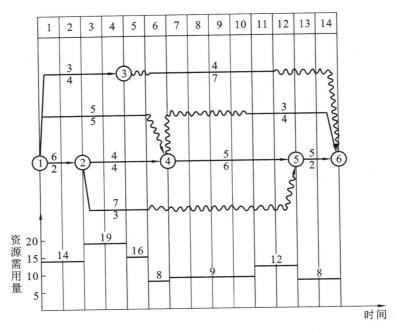

图 4-62　工作 4—6 和 3—6 调整后的网络图

● 调整以节点 3 为结束节点的工作,只有工作 1—3 可考虑调整。

$$Q_5-(Q_1-r_{1-3})=9-(14-3)=-2<0 \quad 可右移 1 天,ES_{1-3}=1。$$

至此,第一次调整完毕。调整后的网络计划如图 4-63 所示。

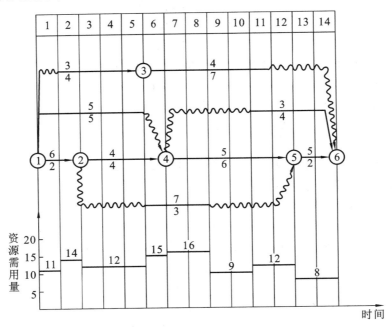

图 4-63　第一次调整后的网络图

② 第二次调整。

在图 4-63 的基础上,再次自右向左调整。

● 调整以终点节点 6 为结束节点的工作。

只有工作 3—6 可考虑调整。

$Q_{13}-(Q_6-r_{3-6})=8-(15-4)=-3<0$，可右移 1 天。

$Q_{14}-(Q_7-r_{3-6})=8-(16-4)=-4<0$，可右移 2 天。

工作 3—6 再次右移后的网络计划如图 4-64 所示。

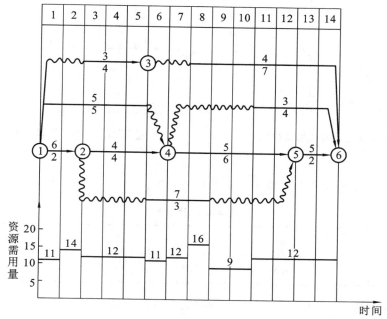

图 4-64　工作 3—6 再次右移后的网络图

● 分别调整以节点 5,4,3,2 为结束节点的非关键工作,均不能再右移,至此优化结束。图 4-64 所示即为"工期固定、资源均衡"的优化的最终结果。

● 计算优化后的资源均衡性指标。

$\sigma^2=1/14(11^2\times1+14^2\times1+12^2\times3+11^2\times1+12^2\times1+16^2\times1+9^2\times2+12^2\times4)-11.86^2$
$=2.77<\sigma_0^2=24.34$

σ^2 降低百分率为 $\dfrac{24.34-2.77}{24.34}\times100\%=88.62\%$

复习思考题4

一、简答题

1. 什么是双代号网络图和单代号网络图？比较双代号网络图和单代号网络图异同点？

2. 组成双代号网络图的三要素是什么？简述三要素的含义？虚箭线在网络图中的作用是什么？

3. 网络图的逻辑关系有哪些？简述其含义。

4. 简述绘制双代号网络图的基本规则。

5. 双代号网络图的时间参数有哪些？简述各个时间参数的含义。

6. 什么是双代号网络图中的线路、关键线路、关键工作？

7. 简述时间坐标网络图的特点？

8. 网络计划的优化内容包括哪些？

9. 试简述工期优化、费用优化、资源优化的基本步骤。

10. 指出图 4-65 和图 4-66 所示网络图中的错误。

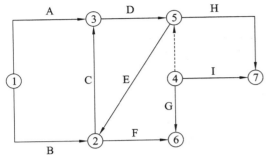

图 4-65　某分部工程双代号网络图　　　　　图 4-66　某分部工程双代号网络图

二、计算题

1. 根据表 4-15 绘制双代号网络图和单代号网络图。

表 4-15　题 1 表

工序	A	B	C	D	E
紧后工序	D	D,E	D,E,F	K	H,K,I

2. 根据表 4-16 中的资料,绘制双代号网络图,用图上计算法计算时间参数,并指出关键线路和工期,同时将双代号网络图绘制成单代号网络图。

表 4-16　题 2 表

工序	A	B	C	D	E	F	G	H
紧前工序	—	A	A	A	B,C,D	B	D	E、F、G
工序时间	4	6	9	6	3	7	6	2

3. 某工程的各工作顺序关系和工作时间如表 4-17 所示,试绘制双代号网络图,并用图上计算法计算各时间参数,指出关键线路和工期,并将双代号网络图绘制成单代号网络图。

表 4-17　题 3 表

工序	A	B	C	D	E	F	G	H
紧前工作	—	—	A	A,B	A,B	C,D	C,D,E	F,G
工序时间	4	6	9	6	3	7	6	2

4. 根据图 4-67,用图上计算法计算时间参数,并指出关键线路和工期。

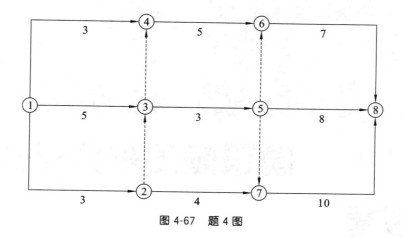

图 4-67　题 4 图

5. 根据表 4-18 中的资料绘制双代号网络图,并用表上计算法加以计算。

表 4-18　题 5 表

工作代号	时　间	工作代号	时　间
①－②	5	⑤－⑦	9
①－③	10	⑤－⑨	8
①－④	12	⑥－⑦	0
②－④	0	⑥－⑧	7
②－⑤	14	⑦－⑧	6
③－④	6	⑦－⑨	11
③－⑥	13	⑧－⑩	7
④－⑤	7	⑨－⑩	13
⑤－⑥	11		

Chapter 5

项目 5　建筑施工现场管理

学习目标

1. 知识目标
(1) 了解建筑工程材料管理的内容。
(2) 了解建筑工程施工质量检查的内容和方法。
(3) 掌握建筑工程质量验收的方法。
(4) 了解建筑工程安全管理的内容和目标。
2. 技能目标
(1) 掌握建筑工程质量验收的方法。
(2) 能够编制建筑工程施工安全管理措施方案。

引例导入

某楼盘已按照要求取得施工许可证,正式开工建设,整个楼盘建设过程中现场涉及多项管理内容,如何从材料、质量和安全这三个方面进行管理。

5.1　建筑材料管理

建筑材料管理,是对建筑材料的计划、供应、使用等管理工作的总称。材料费用一般占建筑工程成本的 60%~70%。合理地组织建筑材料的计划、供应与使用,保证建筑材料从生产企业按品种、数量、质量、期限进入建筑工地,减少流转环节,防止积压浪费,对缩短建设工期、加快建设速度、降低工程成本有重要意义。

一、材料验收与入库

工地所需的材料经采购员采购回来后,应进行材料的验收。

(1) 材料保管员兼作材料验收员,材料验收时应根据收到的《材料清单》所列的材料名称、数量进行验收入库,并对入库材料的质量进行检查,验收数量超过申请数量者以退回多余数量为原则,但必要时经核定审批核准后可以追加采购手续入库。

(2) 材料的验收入库应当在材料进场时当场进行,并开具《入库单》,在材料的入库单上应详细的填写入库材料的名称、数量、规格、型号、品牌、入库时间、经手人等信息,并且应在入库单上注明采购单号码,以便复核。如因数量品质、规格有不符之处应采用暂时入库形式,开具材料暂时入库白条,待完全符合或补齐时再开具材料入库单,同时收回入库白条,不得先开具材料入库单后补货。

（3）所有材料入库,必须严格验收,在保证其质量合格的基础上实测数量,根据不同材料物件的特性,采取点数、丈量、过磅、量方等方法进行数量的验收,禁止估计数值。

（4）对大宗材料、高档材料、特殊材料等应及时索要"三证"（即产品合格证、质量保证书、出厂检测报告）,产品质量检验报告须加盖红章。对不合格材料的退货也应在入库单中用红笔进行标注,并详细的填写退货的数目、日期及原因。

（5）入库单一式三联。一联交于财务,以便于核查材料入库时的数量和购买时的数量有无差议。一联交于采购人员,并和材料的发票一起作为材料款的报销凭证。最后一联应由仓库保管人员留档备查。

（6）因材料数量较大或因包装关系,一时无法将应验收的材料验收的,可以先将包装的个数、重量或数量、包装情形等进行预备验收,待后面认真清理后再行正式验收,必要时在出库中再行对照后验收。

（7）材料入库后,各级主管领导或部门认为有必要时,可对入库材料进行复验,如发现与入库情况不符的,将追究相关人员责任,造成损失的,由责任人员赔偿。

（8）对于不能入库的材料如周转架料、钢材、木材、砂、石、砌块和土建用的装饰材料等物资材料的进场验收必须由仓管员和使用该材料的施工班组指定人员双方共同参与点验并在送货单上签字,每批供货完成后根据送货单一次性直接由工长开出限额领料单拨料给施工班组。

二、材料使用与出库

任何材料的使用都必须进行材料的领用手续,材料管理员不得在无领料手续情况下发放材料（特殊情况领取少量材料除外,但过后必须补办相关手续）。

（1）材料的发放应遵循先进先出的原则。

（2）相应工程所需的材料由现场施工员、班组长负责领取。材料领取执行限额领料制度,施工员应按工程进度配合材料管理员做好分部分项工程材料的使用统计。分项工程实际使用数量超过预算量应及时向项目经理汇报。

（3）领料人与保管员办理领料手续为:领料人根据当日工程所需要的材料向保管员申请领料,保管员开具相应材料出库单,双方在出库单上签字。

（4）出库单一式三联:存根、财务（大项目应设置项目部财务科）、领料人各一联。

（5）保管员需做好材料台账,日清月结,做到账物相符,时刻掌握库存情况;认真核对各项工程之材料用量,并就当前库存情况及时提供各种材料数量的补给信息,以便迅速采购补充,不影响工程进度。

三、材料归还与退库

（1）在工程完工70%左右时应严格控制材料的购进与发放,并及时统计出仓库库存材料的状况以及还须购进材料的名单和数目,以避免过多的剩余材料,造成浪费并占用项目资金。

（2）在工程项目结束时应对施工现场的材料进行盘点,并督促施工队伍及时办理退库手续。避免个别人员在施工结束时浑水摸鱼,从而防止材料在工程结束时流失。

（3）材料在办理退库时应填写材料退库单,详细列出所剩余材料的名称及数目。清点完毕后与材料人员办理材料的交接手续,存入公司仓库。从而对公司仓库的材料做到一目了然,以便于库存材料在工程保修期和下次施工中得到充分合理的利用。

四、材料使用限额领料制度

（1）由负责施工的工长或施工员，根据施工预算和材料消耗定额或技术部门提供的配合比、翻样单，签发施工任务单和限额领料单，限额领料单上必须详细注明使用部位、数量，并于开始用料 24 小时前将两单送至项目材料组，项目材料组凭单发料。

（2）没有限额领料单，材料员有权停止发料，直至手续齐全方可发料，由此影响施工生产，其责任由施工员负责。

（3）班组用料超过限额量时，材料员有权停止发料，并通知施工员核查原因，属工程量增加的，增补工程量及限额领料数量，属操作浪费的，一次性从班组工程款中扣除，赔偿手续办好后再补发材料。

（4）限额领料单随同施工任务书当月同时结算，结算时应与班组办理余料退库手续。

（5）班组使用材料应采取节超奖罚的措施，具体实施办法按项目部与班组签订的劳务合同执行。

（6）周转料具的使用，尽量按工作量的大小将周转料具承包给施工队，以防止周转料具的丢失、掩埋、乱割乱锯，应本着长料长用、短料短用的原则，不得将整料随意锯短锯小，凡发现未经项目经理或施工员同意将木料、木枋锯短锯小者，按材料价值 2 倍进行赔偿。

五、材料保管与盘点

（1）储存材料仓库要统一规划、划线定位、统一分类编号，必须做到物资堆码要合理、牢固、定量、整齐、节约和方便。材料保管中丢失的，由材料保管员负责赔偿。

（2）对材料仓库必须及时检查，检查其是否有渗漏等问题，特别是易受潮物品，更要及时检查，掌握保质期时间。易燃易爆品仓库，必须严禁烟火，确保安全。

（3）做到日清、月结、季盘点，年终清仓。材料盘点要求做到如下几点：①"三清"，即质量清、数量清、账卡清；②"三有"，即盈亏有原因、事故损失有报告、调整账卡有根据；"四对口"，即账、卡、物、资金对口。

5.2 工程质量管理 ....

一、建筑工程施工质量检查与检验

1. 基本规定

1）施工质量控制

建筑工程应按下列规定进行施工质量控制。

（1）建筑工程采用的主要材料、半成品、成品、建筑构配件、器具和设备应进行现场验收。凡涉及安全、功能的有关产品，应按各专业工程质量验收规范规定进行复验，并应经监理工程师（建设单位技术负责人）检查认可。

（2）各工序应按施工技术标准进行质量控制，每道工序完成后，应进行检查。

（3）相关各专业工种之间，应进行交接检验，并形成记录。未经监理工程师（建设单位技术负责人）检查认可，不得进行下道工序施工。

2）验收

建筑工程施工质量应按下列要求进行验收。

（1）建筑工程施工质量应符合相关标准和相关专业验收规范的规定。

（2）建筑工程施工应符合工程勘察、设计文件的要求。

（3）参加工程施工质量验收的各方人员应具备规定的资格。

（4）工程质量的验收均应在施工单位自行检查评定的基础上进行。

（5）隐蔽工程在隐蔽前应由施工单位通知有关单位进行验收，并应形成验收文件。

（6）涉及结构安全的试块、试件以及有关材料，应按规定进行见证取样。

（7）检验批的质量应按主控项目和一般项目验收。

（8）对涉及结构安全和使用功能的重要分部工程应进行抽样检测。

（9）承担见证取样检测及有关结构安全检测的单位应具有相应资质。

（10）工程的观感质量应由验收人员通过现场检查，并应共同确认。

2. 建筑工质量验收的划分

（1）建筑工程质量验收应划分为单位（子单位）工程、分部（子分部）工程、分项工程和检验批。

（2）单位工程的划分应按下列原则确定。

① 具备独立施工条件并能形成独立使用功能的建筑物及构筑物为一个单位工程。

② 建筑规模较大的单位工程，可将其能形成独立使用功能的分为一个子单位工程。

（3）分部工程的划分应按下列原则确定。

① 分部工程的划分应按专业性质、建筑部位确定。

② 当分部工程较大或较复杂时，可按材料种类、施工特点、施工程序、专业系统及类别等划分为若干子分部工程。

（4）分项工程应按主要工种、材料、施工工艺、设备类别等进行划分。

建筑工程的分部（子分部）工程、分项工程可按表 5-1 划分。

表 5-1 建筑工程的分部（子分部）工程、分项工程的划分

序号	分部工程	子分部工程	分项
1	地基与基础	无支护土方	土方开挖、土方回填
		有支护土方	排桩、降水、排水、地下连续墙、锚杆、土钉墙、水泥土桩、沉井与沉箱、钢筋混凝土支撑
		地基处理	灰土地基、砂和砂石地基、碎砖三合土地基、土工合成材料地基、粉煤灰地基、重锤夯实地基、强夯地基、振冲地基、砂桩地基、预压地基、高压喷射注浆地基、土和灰土挤密桩地基、注浆地基、水泥粉煤灰碎石桩地基、夯实水泥土地基
		桩基	锚杆静压桩及静力压桩、预应力离心管桩、钢筋混凝土预制桩、钢桩、混凝土灌注桩（成孔、钢筋笼、清孔、水下混凝土灌注等）
		地下防水	防水混凝土，水泥砂浆防水层、卷材防水层、涂料防水层、金属板防水层、塑料板防水层、细部构造、喷锚支护、复合式衬砌、地下连续墙、盾构法隧道、渗排水、盲沟排水、隧道、坑道排水、预注浆、后注浆、衬砌裂缝注浆

序号	分部工程	子分部工程	分　项
1	地基与基础	混凝土基础	模板、钢筋、混凝土、后浇带混凝土、混凝土结构缝处理
		砌体基础	砖砌体、混凝土砌块砌体,配筋砌体、石砌体
		劲钢(管)混凝土	劲钢(管)焊接,劲钢(管)与钢筋的连接、混凝土
		钢结构	焊接钢结构、栓接钢结构,钢结构制作,钢结构安装,钢结构涂装
2	主体结构	混凝土结构	模板、钢筋、混凝土、预应力、现浇结构、装配式结构
		劲钢(管)混凝土结构	劲钢(管)焊接、螺栓连接,劲钢(管)与钢筋的连接,劲钢(管)制作、安装,混凝土
		砌体结构	砖砌体、混凝土小型空心砌块砌体,石砌体,填充墙砌体,配筋压砖砌体
		钢结构	钢结构焊接,紧固件连接,钢零部件加工,单层钢结构安装,多层及高层钢结构安装,钢结构涂装,钢结构组装,钢构件预拼装,钢网架结构安装,压型金属板
		木结构	方木和原木结构,胶合木结构,轻型木结构,木构件防护
		网架和索膜结构	网架制作,网架安装,索膜安装,网架防火,防腐涂料
3	建筑装饰装修	地面	整体面层:基层,水泥混凝土面层,水泥砂浆面层,水磨石面层,防油渗面层,水泥钢(铁)屑面层,不发火(防爆的)面层; 板块面层:基层,砖面层(陶瓷锦砖,缸砖、陶瓷地砖和水泥花砖面层),大理石面层和花岗石面层,预制板块面层(预制水泥混凝土、水磨石板块面层),料石面层(条石、块石面层),塑料板面层,活动地板面层,地毯面层; 木面层:基层,实木地板面层(条材、块材面层),实木复合地板面层,(强化)复合地板面层(条材面层)
		抹灰	一般抹灰,装饰抹灰,清水砌体勾缝
		门窗	木门窗制作与安装,金属门窗安装,塑料门窗安装,特种门安装,门窗玻璃安装
		吊顶	暗龙骨吊顶、明龙骨吊顶
		轻质隔墙	板材隔墙,骨架隔墙,活动隔墙,玻璃隔墙
		饰面板(砖)	饰面板安装,饰面压粘贴
		幕墙	玻璃幕墙,金属幕墙,石材幕墙
		涂饰	水性涂料涂饰,溶剂型涂料涂饰,美术涂饰
		裱糊与软包	裱糊、软包
		细部	橱柜制作与安装,窗帘盒、窗台板和暖气罩制作与安装,门窗套制作与安装,护栏和扶行制作与安装,花饰制作与安装

序号	分部工程	子分部工程	分 项
4	建筑屋面	卷材防水屋面	保温层,找平层,卷材防水层,细部构造
		涂膜防水屋面	保温层,找平层,涂膜防水层,细部构造
		刚性防水屋面	细石混凝土防水层,密封材料嵌缝,细部构造
		隔热屋面	架空屋面,蓄水屋面,种植层面

（5）分项工程可由一个或若干检验批组成,检验批可根据施工及质量控制和专业验收需要按楼层、施工段、变形缝等进行划分。

（6）室外工程可根据专业类别和工程规模划分单位(子单位)工程。

室外单位(子单位)工程和分部工程按表5-2划分。

表5-2　室外单位(子单位)工程和分部工程的划分

单 位 工 程	子单位工程	分部(子分部)工程
室外建筑环境	附属建筑	车棚,围墙,大门,挡土墙,垃圾收集站
	室外环境	建筑小品,道路,亭台,连廊,花坛,场坪绿化
室外安装	给排水与采暖	室外给水系统,室外排水系统,室外供热系统
	电气	室外供电系统,室外照明系统

3. 主要分部工程施工质量检查标准

主要分部工程施工质量检查标准如表5-3所示。

表5-3　主要分部工程施工质量检查标准

检查内容	检查分项	检查标准/允许偏差/mm	检查方法和数量
基础工程（人工挖孔桩）	钢筋笼主筋间距	±10 mm	钢尺检查
	钢筋笼箍筋间距	±20 mm	钢尺检查
	钢筋笼直径	±10 mm	钢尺检查
	钢筋笼长度	±50 mm	钢尺检查
	桩位中心轴线	±10 mm	拉线与尺量检查
	桩孔垂直度	$3‰L$,且不大于50 mm	吊线和尺量检查
	桩身直径	±10 mm	钢尺检查
	桩底标高	±10 mm	钢尺检查

项目5　建筑施工现场管理

检查内容	检查分项	检查标准/允许偏差/mm	检查方法和数量
模板工程	预埋钢板中心线位置	3 mm	钢尺检查
	预埋管、预留孔中心线位置	3 mm	钢尺检查
	插筋	(1) 中心线位置允许偏差 5 mm； (2) 外露长度允许偏差＋10,0 mm	钢尺检查
	预埋螺栓	(1) 中心线位置允许偏差 2 mm； (2) 外露长度允许偏差＋10,0 mm	钢尺检查
	预留洞	(1) 中心线位置允许偏差 10 mm； (2) 尺寸允许偏差＋10,0 mm	钢尺检查
	轴线位置	5 mm	钢尺检查
	底模上表面标高	±5 mm	拉线、钢尺检查
	截面内部尺寸	(1) 基础允许偏差±10 mm； (2) 柱、墙、梁允许偏差（−5～＋4）mm	钢尺检查
	层高垂直度（＜5m）	6 mm	吊线、钢尺检查
	层高垂直度（＞5m）	8 mm	吊线、钢尺检查
	相邻两板表面高低差	2 mm	钢尺检查
	表面平整度	5 mm	靠尺和塞尺检查
钢筋工程	受力钢筋的弯钩和弯折	HPB235 级钢筋末端应作 180°弯钩，其弯弧内直径不应小于钢筋直径的 2.5 倍，弯钩的弯后平直部分长度不应小于钢筋直径的 3 倍	钢尺检查
	箍筋弯折后平直部分长度	对于一般结构，不宜小于箍筋直径的 5 倍；对有抗震等要求的结构，不应小于箍筋直径的 10 倍	钢尺检查
	钢筋加工允许偏差	(1) 受力钢筋顺长度方向全长的净尺寸偏差±10 mm； (2) 弯起钢筋的弯起位置±20 mm； (3) 箍筋内净尺寸±5 mm	钢尺检查
	绑扎钢筋网允许偏差	(1) 长、宽±10 mm； (2) 网眼尺寸±20 mm	(1) 钢尺检查； (2) 钢尺量连续三档，取最大值
	绑扎钢筋骨架允许偏差	(1) 长±10 mm； (2) 宽、高±5 mm	钢尺检查

检查内容	检查分项	检查标准/允许偏差/mm	检查方法和数量
钢筋工程	受力钢筋允许偏差	(1) 间距±10 mm； (2) 排距±5 mm； (3) 保护层厚度(基础)±10 mm； (4) 保护层厚度(柱、梁)±5 mm； (5) 保护层厚度(板、壳、墙)±3 mm	钢尺检查
	绑扎箍筋、横向钢筋间距允许偏差	±20 mm	钢尺量连续三挡,取最大值
	钢筋弯起点位置允许偏差	20 mm	钢尺检查
	预埋件允许偏差	(1) 中心线位置 5 mm； (2) 水平高差+3 mm,0 mm	钢尺、塞尺
钢筋混凝土现浇结构工程	表观质量	(1) 现浇结构的外观质量不应有严重缺陷,不宜有一半缺陷； (2) 外观质量缺陷主要包括:露筋、蜂窝、孔洞、夹渣、疏松、裂缝等	观察
	表面平整度	8 mm	2 m靠尺和塞尺检查
	预埋设施中心线位置	(1) 预埋件 10 mm； (2) 预埋螺栓 5 mm； (3) 预埋管 5 mm	钢尺检查
	预留洞中心线位置	15 mm	钢尺检查
	轴线位置	(1) 基础 15 mm； (2) 独立基础 10 mm； (3) 墙、柱、梁 8 mm； (4) 剪力墙 5 mm	钢尺检查
	垂直度	(1) 层高(≤5m)8 mm； (2) 层高(>5m)10 mm； (3) 全高(H)$H/1000$且≤30 mm	经纬仪或吊线、钢尺检查
	标高	(1) 层高±10 mm； (2) 全高±30 mm	水准仪或拉线、钢尺检查
	截面尺寸	+8 mm,−5 mm	钢尺检查
	电梯井	(1) 井筒长、宽对定位中心线+25 mm, 0 mm； (2) 井筒全高(H)垂直度 $H/1000$且≤30 mm	经纬仪、钢尺检查

检查内容	检查分项	检查标准/允许偏差/mm	检查方法和数量
砌体工程（填充墙砌体）	轴线位移	10 mm	钢尺检查
	垂直度（小于或等于3m）	5 mm	用2 m托线板或吊线、尺检查
	垂直度（大于3m）	10 mm	
	表面平整度	8 mm	用靠尺和楔形塞尺检查
	门窗洞口高、宽（后塞口）	±5 mm	钢尺检查
	外墙上、下窗口偏移	20 mm	用经纬仪或吊线检查
	水平灰缝砂浆饱满度	饱满度要求≥80%	采用百格网检查块材地面砂浆的黏结痕迹面积
	垂直灰缝砂浆饱满度	填满砂浆，不得有透明缝、瞎缝、假缝	
	马牙槎拉结筋	（1）构造柱与墙体的连接处应砌成马牙槎，马牙槎先退后进； （2）拉结筋设置符合设计要求	观察，钢尺检查
	灰缝厚度和宽度	（1）实心砖、空心砖、轻骨料混凝土小型开心砌块的砌体灰缝的厚度和宽度应为8~12 mm； （2）蒸压加气混凝土砌块的砌体水平灰缝厚度及竖向灰缝宽度分别宜为15 mm和20 mm	钢尺检查
抹灰工程	抹灰层与基层黏结	（1）黏结牢固； （2）无空鼓、开裂； （3）面层无爆灰、起砂和裂缝	小锤轻击检查
	表面观感	表面应光滑、洁净、颜色均匀、无抹纹，分格缝和灰线应清晰美观	观察
	墙面平整度	小于等于3 mm（达到高级抹灰要求）	靠尺
	垂直度	小于等于3 mm	靠尺
	阴阳角方正（包括天棚）	小于等于3 mm	塞尺
	孔洞、收口、线条、收边	顺直、圆滑	观察
	不同介质处挂网	钢丝网与各基体的搭接宽度不应小于100 mm或满足设计要求	卷尺检查，观察

检查内容	检查分项	检查标准/允许偏差/mm	检查方法和数量
内墙泥子	表面观感	（1）表面光滑、洁净； （2）平整、坚实、牢固、无粉化、起皮和掉粉； （3）接茬平整、颜色均匀	观察
	平整度	小于等于 2 mm	靠尺
	垂直度	小于等于 2 mm	靠尺
	阴阳角方正	小于等于 2 mm	直角检测
楼地面	表面平整度	小于等于 4 mm	靠尺和楔形塞尺
	面层与基层黏结	（1）黏结牢固； （2）无空鼓、无开裂、无起砂	用小锤轻击，观察
	表面观感	（1）表面平整、洁净、接茬平整； （2）颜色均匀； （3）无污染	观察
	现浇楼板结构厚度	偏差不大于 −5 mm～+10 mm，每户楼板测点合格率 100%	板厚检测仪；每自然间抽测不少于 5 点，测点布置在距现浇板周边 500 mm 以外范围
	地漏和有坡度要求的地面	坡度应符合设计要求，不倒泛水，无积水，不渗漏，与地漏结合处严密平顺	观察
房间净空尺寸	开间尺寸	净尺寸偏差不超过正负 10 mm，极差（实测值中最大值与最小值之差）不超过 15 mm	激光测距仪；每个自然间各抽测 2 处
	室内净高	最大负偏差不超过 15 mm，极差不超过 15 mm（偏差为实测值与推算值之差；极差为实测值中最大值与最小值之差）	激光测距仪；每个自然间各抽测 5 处
防水工程	涂膜防水	（1）涂膜层厚度均匀、满足设计要求，不露底，不起泡，收头圆滑；最小厚度不应小于设计厚度的 80%； （2）与基层应黏结牢固，表面平整，涂刷均匀，无流淌、皱折、鼓泡、露胎体和翘边等缺陷	观察、游标卡尺

123

项目 5　建筑施工现场管理

检查内容	检查分项	检查标准/允许偏差/mm	检查方法和数量
防水工程	涂膜防水	(1) 涂膜层厚度均匀、满足设计要求,不露底,不起泡,收头圆滑;最小厚度不应小于设计厚度的80%; (2) 与基层应黏结牢固,表面平整,涂刷均匀,无流淌、皱折、鼓泡、露胎体和翘边等缺陷	观察、游标卡尺
	铺贴卷材防水	(1) 基层表面无起砂、空裂,无积水; (2) 搭接长度不小于10 cm,搭接宽度的允许偏差为−10 mm; (3) 黏结牢固,无空鼓、滑移、翘边、气泡、折皱、损伤等; (4) 铺贴方向应正确(顺着排水方面)	观察 钢尺检查
	屋面	无渗漏或水印	全数检查雨后或蓄水48 h后,观察检查
	厨房、卫生间	无渗漏或水印	全数检查蓄水48 h,蓄水深度20~30 mm,观察检查
	外墙	墙面无渗漏或水印、滴水线无爬水	全数检查暴雨后或淋水5 h后,观察检查
	门窗	无渗漏或水印	全数检查淋水5 h后,观察检查
保温	保温材料和构造做法	(1) 材料符合设计要求; (2) 各层构造做法应符合设计要求	观察
	与基层黏结	保温层与基层之间及各层之间的黏结必须牢固,不应脱层、空鼓和开裂	小锤 观察
	玻纤网布	(1) 玻纤网布的铺贴和搭接应符合设计和施工要求; (2) 表层砂浆抹压应严实,不得有空鼓,玻纤网布不得褶皱、外露	钢尺 观察
	保温浆料施工	保温浆料层宜连续施工,保温浆料厚度应均匀、接茬应平顺严密	观察
	保温板	(1) 保温板的安装应位置正确、接缝严密; (2) 保温板表面应采取界面处理措施,与混凝土黏结应牢固	观察

检查内容	检查分项	检查标准/允许偏差/mm	检查方法和数量
外墙涂料	与基层黏结	（1）黏结牢固，无脱层、空鼓； （2）无开裂	小锤 观察
	表观质量	（1）平整、洁净、无破损； （2）坚实、牢固，无粉化、起皮和裂缝； （3）颜色均匀一致，无流坠； （4）勾缝横平、竖直； （5）滴水线（槽）应顺直，流水坡向应正确，坡度应符合设计要求	观察
铝合金门窗工程	五金件	（1）表面无锈蚀； （2）连接螺丝无漏上； （3）安装无歪斜； （4）五金件无漏装； （5）锁具使用正常、灵活； （6）滑撑使用、开启范围正常，无阻滞； （7）门窗把手安装牢固，启闭灵活； （8）门窗合页开启灵活	观察 手推 试用
	型材	（1）无划痕，损伤； （2）门窗框无扭曲变形； （3）型材喷漆均匀，无裂纹、无掉漆； （4）窗扇尺寸合适，搭接尺寸大于 8 mm； （5）型材组角处胶缝饱满，无漏光； （6）表面光滑，无气泡	观察 手摸
	密封胶	（1）密封胶饱满、顺直，宽度均匀，无漏打； （2）胶条黏结牢固，无脱落； （3）胶条无开裂； （4）胶条无干缩，有弹性； （5）密封胶条牢固，转角处无漏缝	观察 手摸
	开启灵活度	（1）推拉门开启顺滑，无阻滞； （2）平开窗开启关闭力度适中，滑撑定位准确； （3）平开门开启灵活，无下坠	试用
	窗台	几何尺寸规整，无大小头	卷尺

项目 5　建筑施工现场管理

检查内容	检查分项	检查标准/允许偏差/mm	检查方法和数量
铝合金门窗工程	允许偏差	（1）门窗槽口宽度、高度（≤1500 mm）允许偏差1.5 mm； （2）门窗槽口宽度、高度（＞1500 mm）允许偏差2 mm； （3）门窗槽口对角线长度差（≤2000 mm）允许偏差3 mm； （4）门窗槽口对角线长度差（＞2000 mm）允许偏差4 mm； （5）门窗框的正、侧面垂直度允许偏差2.5 mm； （6）门窗横框的水平度允许偏差2.0 mm； （7）门窗横框标高允许偏差5.0 mm； （8）推拉门窗扇与框搭接量允许偏差1.5 mm	卷尺 水平尺和塞尺
玻璃	划痕和裂纹	（1）无划痕； （2）无裂纹	观察
	气泡和污染	（1）玻璃表面洁净； （2）内部无气泡	观察
	其他表观质量	（1）材质、色差必须均匀,一致； （2）无掉角、缺棱、损坏	观察
栏杆、百叶	焊接	（1）预埋件与主体连接牢固、不松动； （2）铁花栏杆水平管材热轧卷口必须向下； （3）管件之间必须采用焊接连接,即矩管接口四边均需焊接,严禁单边焊、点焊、漏焊； （4）焊缝必须饱满平顺,无毛刺、倒边现象；观感质量不合格的应使用原子灰进行清补处理	目测和实测
	油漆	（1）铁件基层除锈； （2）防锈底漆不少于两遍； （3）面漆不少于两遍； （4）油漆必须色泽一致,不得出现流坠、露底	目测

检查内容	检查分项	检查标准/允许偏差/mm	检查方法和数量
栏杆、百叶	护栏玻璃	(1) 无明显划痕、裂纹、掉角、缺楞等缺陷; (2) 要求四周双面打密封胶,并且宽度一致、顺直、均匀,无夹渣、无气泡、无脱层、无开裂	目测
	木扶手	(1) 接缝应严密,表面应光滑,色泽应一致,不出现流坠、透底; (2) 不得有裂缝、翘曲及损坏	目测
	允许偏差	(1) 护栏垂直度 3 mm; (2) 栏杆间距 3 mm; (3) 扶手直线度 4 mm; (4) 扶手高度 3 mm	卷尺、坠子、广线
铁花	安装牢固度	(1) 无明显晃动,固定点无松动; (2) 无预埋构件外露	手摇
	表面处理	(1) 表面喷塑无漏喷; (2) 表面无锈蚀; (3) 表面喷塑颜色均匀; (4) 表面无污染; (5) 表面平整、光滑,无焊渣	观察 手摸
	焊接点处理	(1) 焊接点饱满,满焊; (2) 焊点无锈蚀; (3) 焊点喷塑均匀,无漏喷; (4) 栏杆拐角处理整洁、清爽; (5) 无焊渣、焊瘤,表面光滑	观察 手摸
	铁花构件	(1) 构件无扭曲; (2) 水平、垂直构件水平、垂直; (3) 栏杆水平高度相差±4 mm 以内; (4) 栏杆立柱水平间距相差±5 mm 以内; (5) 栏杆垂直度控制小于 2 mm/m	观察 水平尺、卷尺
	铁花玻璃	(1) 玻璃无划痕、裂纹、气泡; (2) 密封胶饱满、顺直、光滑; (3) 玻璃栏杆连接件牢固	观察 手摇

项目 5 建筑施工现场管理

检查内容	检查分项	检查标准/允许偏差/mm	检查方法和数量
入户门	外观	(1) 门框和门扇间隙均匀一致，表面平整、光滑、油漆无气泡、颜色均匀一致； (2) 表面应无划伤(痕)、无污染； (3) 门框上橡胶密封条黏结牢固； (4) 关闭门时无金属碰撞声； (5) 门框门扇配合间隙≤2 mm	目测和塞尺
	五金件	(1) 门把手牢固、无晃动； (2) 锁具开启灵活、无锈迹、无晃动	目测和实测
	发泡剂	(1) 保证饱满； (2) 修剪整齐不露须	目测
	打胶	(1) 四周双面打密封胶； (2) 宽度一致、顺直、均匀，无气泡，无脱层、无开裂； (3) 打胶前应将发泡剂打饱满、修整规则，木楔子清除干净	目测和卷尺
	允许偏差	(1) 门槽口宽度、高度(≤1500 mm)允许偏差 1.5 mm； (2) 门槽口宽度、高度(>1500 mm)允许偏差 2 mm； (3) 门槽口对角线长度差(≤2000 mm)允许偏差 2.5 mm； (4) 门槽口对角线长度差(>2000 mm)允许偏差 3.0 mm； (5) 门框的正、侧面垂直度允许偏差 2.0 mm； (6) 门构件装配间隙允许偏差 0.3 mm	钢尺 垂直检测尺 塞尺
	留缝限值	(1) 门扇与侧框间留缝 1.2~1.8 mm； (2) 门扇对口缝 1.2~1.8 mm	塞尺检查
吊顶	检查内容	(1) 材质、品种、规格、图案和颜色应符合设计要求； (2) 吊杆、龙骨的材质、规格、安装间距及连接方式应符合设计要求； (3) 饰面材料表面应洁净、色泽一致，不得有翘曲、裂缝及缺损，压条应平直、宽窄一致； (4) 饰面板上的灯具、烟感器、喷淋头、风口箅子等设备的位置应合理、美观，与饰面板的交接应吻合、严密	目测

检查内容	检查分项	检查标准/允许偏差/mm	检查方法和数量
吊顶	平吊顶安装的允许偏差(纸面石膏板)	(1) 表面平整度 3.0 mm; (2) 接缝直线度 3.0 mm; (3) 接缝高低差 1.0 mm	靠尺、塞尺、拉线、钢直尺
乳胶漆墙面	质量要求和允许偏差	(1) 无开裂、空鼓,表面清洁无污染; (2) 阴阳角方正、顺直; (3) 表面平整度、垂直度均不能够大于规范要求,乳胶漆色泽一致、无流坠现象; (4) 平整度 3 mm; (5) 垂直度 3 mm; (6) 阴阳角 3 mm	目测、靠尺、卷尺、角尺、坠子、小锤
内墙面饰面砖	面层	(1) 饰面砖的品种、规格、图案颜色和性能应符合设计要求,表面平整洁净、色泽一致,无裂痕和缺损; (2) 装修排版深化设计的墙砖和地砖要对中对线; (3) 粘贴必须牢固,无空鼓、裂缝	目测、小锤
	允许偏差	(1) 立面垂直度 2.0 mm; (2) 表面平整度 2.0 mm; (3) 阴阳角方正 2.0 mm; (4) 接缝直线度 1.0 mm; (5) 接缝高低差 0.5 mm; (6) 接缝宽度 1.0 mm	垂直检测尺靠尺、塞尺检查直角检测尺拉线、钢尺检查钢尺、塞尺检查钢直尺检查
室内地面砖、石材铺贴	面层	(1) 规格品种均符合设计要求,外观颜色一致、表面平整,图案花纹正确; (2) 边角齐整,无翘曲、裂纹等缺陷; (3) 面层与基层的结合必须牢固,无空鼓; (4) 有排水要求的地面铺贴面层表面的坡度应符合设计要求,不倒泛水、无积水; (5) 与地漏、管道结合处应严密牢固,无渗漏	目测、小锤
	地面砖	(1) 表面平整度 2.0 mm; (2) 接缝高低差 0.5 mm; (3) 接缝平直 1.0 mm; (4) 间隙宽度 1.0 mm	靠尺、楔形塞尺钢尺、楔形塞尺拉线、钢尺检查钢尺检查
	大理石面层和花岗石面层	(1) 表面平整度 1.0 mm; (2) 接缝高低差 0.5 mm; (3) 接缝平直 1.0 mm; (4) 间隙宽度 0.5 mm	同上

129

检查内容	检 查 分 项	检查标准/允许偏差/mm	检查方法和数量
室外硬铺装	面层	(1) 规格品种均符合设计要求,外观颜色一致、表面平整,图案花纹正确; (2) 边角齐整,无翘曲、裂纹等缺陷; (3) 面层与基层的结合必须牢固,无空鼓; (4) 有排水要求的地面铺贴面层表面的坡度应符合设计要求,不倒泛水、无积水; (5) 与地漏、管道结合处应严密牢固,无渗漏	目测、小锤
	大理石面层和花岗石面层	(1) 表面平整度 1.2 mm; (2) 缝格直顺 2.0 mm; (3) 接缝高低差 0.5 mm; (4) 踢脚线上口平直 1.0 mm; (5) 板块间隙宽度 1.0 mm	靠尺、楔形塞尺 拉线、钢尺检查 钢尺、楔形塞尺 拉线、钢尺检查 钢尺检查
	碎拼大理石、碎拼花岗石面层	(1) 表面平整度 2.0 mm; (2) 踢脚线上口平直 1.0 mm	同上
	水泥花砖面层	(1) 表面平整度 3.0 mm; (2) 缝格直顺 3.0 mm; (3) 接缝高低差 0.5 mm; (4) 板块间隙宽度 2.0 mm	同上
	缸砖面层	(1) 表面平整度 4.0 mm; (2) 缝格直顺 3.0 mm; (3) 接缝高低差 1.5 mm; (4) 踢脚线上口平直 4.0 mm; (5) 板块间隙宽度 2.0 mm	同上
	陶瓷锦砖面层、陶瓷地砖面层、高级水磨石板	(1) 表面平整度 2.0 mm; (2) 缝格直顺 3.0 mm; (3) 接缝高低差 0.5 mm; (4) 踢脚线口平直 3.0 mm; (5) 板块间隙宽度 2.0 mm	同上
	水磨石板块面层	(1) 表面平整度 3.0 mm; (2) 缝格直顺 3.0 mm; (3) 接缝高低差 1.0 mm; (4) 踢脚线上口平直 4.0 mm; (5) 板块间隙宽度 2.0 mm	同上

检查内容	检查分项	检查标准/允许偏差/mm	检查方法和数量
室外硬铺装	条石面层	(1) 表面平整度 10.0 mm; (2) 缝格直顺 8.0 mm; (3) 接缝高低差 2.0 mm; (4) 板块间隙宽度 5.0 mm	同上
	块石面层	(1) 表面平整度 10.0 mm; (2) 缝格直顺 8.0 mm	同上

4. 建筑工程常见质量问题及处理办法

建筑工程常见质量问题及处理办法如表 5-4 所示。

表 5-4　建筑工程常见质量问题及处理办法

检查内容	常见质量问题	处理办法
室内抹灰	(1) 抹灰层与基层黏结不牢固,出现空鼓开裂	(1) 将墙面空鼓开裂部位剔除并清理干净,刷带胶水泥浆,再分层抹灰
	(2) 泥子表面不光滑、接茬不平整、颜色不一致、阴阳角不顺直	(2) 泥子表面不光滑、不平整的均用砂纸打磨,颜色不一致的可在打磨后重刮泥子进行修补
	(3) 主卧门洞口上下左右两侧墙面有误差	(3) 小于等于 5 mm 的用泥子修补处理,超过 5 mm 的将泥子剔除,重新抹灰处理
	(4) 空调洞口坡向向内倾斜	(4) 调整坡度或重新打洞处理
内墙泥子	(1) 接茬不平整,颜色不一致	(1) 用砂纸打磨平整,用泥子修补
	(2) 阴阳角不顺直	(2) 用砂纸打磨,用泥子找补顺直
楼地面	(1) 地面出现空鼓、开裂	(1) 将地面空鼓开裂部位剔除并清理干净,刷带胶水泥浆,再分层抹灰
	(2) 厨房和阳台防水保护层地面出现空鼓开裂	(2) 将地面空鼓开裂部位剔除并清理干净,刷带胶水泥浆,再分层抹灰
	(3) 地面表面被污染、清理不干净、颜色不一致	(3) 派专人进行清理
涂料和泥子分色	涂料下返尺寸不统一,分色线不顺直、界限不分明	重新画线刷涂料,保证分色线顺直
房间几何尺寸	(1) 房间开间尺寸误差超过 10 mm	(1) 将泥子剔除重新抹灰处理
	(2) 房间层高误差超过 10 mm	(2) 将泥子剔除重新抹灰处理
外墙面砖(含花岗石)	(1) 面砖与基层黏结不牢固,出现脱落和开裂	(1) 将墙面空鼓开裂的面砖剔除重新粘贴
	(2) 局部勾缝颜色不一致、不连续、不密实	(2) 将不顺直的勾缝清除干净后重新勾缝
	(3) 外墙面砖阴阳角不顺直、不方正	(3) 将超标阴阳角面砖剔除重新粘贴

检查内容	常见质量问题	处 理 办 法
公共空间玻璃	玻璃表面有划痕和裂纹	将有划痕和破损的玻璃拆除更换
铁花	(1)焊缝表面焊渣、焊镏清理不干净	(1)用小锤或砂轮锯将焊缝表面焊渣、焊镏清理干净
	(2)铁花表面油漆涂刷不均匀,出现流坠透底	(2)用砂纸将表面不合格的油漆打磨掉,再重新刷漆
铝合金	(1)门窗框表面有划痕	(1)用砂纸打磨后重新刷漆
	(2)门窗框表面凹凸不平或被损坏	(2)更换
	(3)飘窗有浸水情况发生	(3)查找浸水点,重新做防水
百叶	(1)安装不牢固	(1)拆除重新安装
	(2)表面有污染	(2)派专人进行清理
空调板	(1)阴阳角不顺直、不方正	(1)用砂纸打磨后用泥子修补
	(2)空调板涂料表面被污染	(2)用砂纸打磨并清理干净
入户门	(1)外观划伤	(1)轻微划伤要求厂家进行补漆修复处理;严重划伤的要求厂家拆除返厂回炉处理
	(2)外观开关不灵活	(2)进行调试、上油处理;经过调试后仍然达不到开关灵活的则要求更换配件
	(3)外观保护膜受损造成表面污染	(3)将污染物清理干净后,重新张贴保护膜
	(4)五金件把手不牢固	(4)进行调试、紧固
	(5)五金件锁具开启不灵活并有锈蚀	(5)先除锈,再调试、打油处理
	(6)五金件人为损坏	(6)损坏轻微则调试修复;损坏后无法调试的做更换处理
	(7)发泡剂不饱满	(7)补打饱满
	(8)发泡剂露须	(8)切割整齐
	(9)打胶宽度不一致、不顺直、不均匀	(9)修复处理,不能修复的重新打胶
	(10)打胶有夹渣、气泡	(10)重新打胶
	(11)打胶有脱层、开裂	(11)重新打胶
	(12)打胶木楔子未清理干净	(12)打胶前必须将木楔子清理干净

检查内容	常见质量问题	处理办法
厨房、卫生间墙面	（1）面层质量有开裂、空鼓	（1）确定开裂、空鼓的范围；必须用切割机将开裂、空鼓进行切割后才能进行剔除作业；需要进行修复的部位底层要先用水浇湿、浇透；抹灰应分三遍成活，并注意日常的意养护
	（2）面层质量表面污染	（2）属于轻微污染的，进行刷浆处理就可以修复；属于严重污染的，则要铲掉污染物，再重新抹灰
	（3）面层质量阴阳角不方正、顺直	（3）弹线检查后再进行修补处理即可
	（4）面层质量孔洞不圆或不方正	（4）进行修复处理即可
	（5）门窗洞口位置不正确	（5）先确定门窗洞口的正确位置；该打掉的砌体必须打掉，该重新砌筑的重新砌筑；完成上述施工程序后再分遍抹灰恢复
	（6）门窗洞口有大小头	（6）按照角尺、弹线、剔打、抹灰的顺序进行修复处理即可
	（7）门窗洞口超过允许偏差值	（7）把超过允许偏差值的施工部位进行重新施工
	（8）开间及层高超过允许偏差值（如开间尺寸偏小、层高高度不够等现象）	（8）属于开间超过允许偏差值的，剔打掉超厚的砂浆层再进行恢复；属于层高超过允许偏差值的，把地平超厚的砂浆保护层剔掉一部分再进行恢复
公共部分装饰	（1）石材缺损、色差	（1）有缺损的进行更换，有色差的进行调整
	（2）石材平整度偏差大	（2）返工重做
	（3）石材接缝不顺直、宽度不一致	（3）可先进行调整处理，调整后仍然达不到要求的，则必须返工重做
	（4）石材空鼓	（4）返工重做
	（5）墙面玻璃材料缺损、有色差	（5）有缺损的进行更换，有色差的可作调整处理，经调整后仍然有色差的则必须做更换处理
	（6）墙面玻璃有明显气泡、划痕	（6）该材料必须更换
	（7）乳胶漆墙面有开裂、空鼓	（7）确定开裂、空鼓的范围；必须用切割机将开裂、空鼓作切割后才能进行剔除作业；需要进行修复的部位低层要先用水浇湿浇透；抹灰应分三遍成活，并注日常的意养护；应在砂浆抹灰层干透后才能进行乳胶漆泥子及乳胶漆面层施工

133

检查内容	常见质量问题	处理办法
公共部分装饰	（8）乳胶漆墙面表面污染	（8）属于轻微污染物可以作打磨或清洗处理；属于严重污染的，必须重新施工处理
	（9）乳胶漆墙面阴阳角不方正、顺直	（9）按照弹线、打磨、找补程序的方法处理
	（10）乳胶漆墙面表面平整度、垂直度超过规范要求	（10）表面平整度高出部分打磨，凹进部分进行找补；垂直度超过规范的，进行返工处理，直到符合规范为止
	（11）地面砖材质缺损、有色差	（11）有缺损的进行更换，有色差的可进行调整处理，经调整后仍然有色差的则必须进行更换处理
	（12）地面砖平整度偏差大	（12）返工重做
	（13）地面砖接缝不顺直、宽度不一致	（13）可先进行调整处理，调整后仍然达不到要求的，则必须返工重做
	（14）地面砖空鼓	（14）返工重做
室内栏杆	（1）焊接预埋件不牢固，晃动	（1）返工重做
	（2）焊接点焊、漏焊、有毛刺、倒边现象	（2）点焊、漏焊重新补焊，毛刺、倒边进行打磨处理
	（3）焊接接缝不饱满、平顺	（3）接缝属于不饱满的可以进行补焊，属于不平顺的轻微的可以采取打磨处理，严重的要求返工重做
	（4）油漆除锈不到位及漏刷和少刷防锈漆	（4）轻微不影响质量的可以进行局部处理，严重的则返工重做
	（5）油漆出现色差，并出现流坠、露底	（5）返工重做
	（6）木扶手接缝不严密，表面不光滑	（6）打磨处理即可
	（7）木扶手有裂缝、翘曲及损坏	（7）更换材料
	（8）木扶手色泽不一致	（8）经过调整处理后仍然达不到要求的，则更换材料
	（9）超过允许偏差值	（9）通过修饰处理能够达到要求的，可以进行修饰处理；严重超过允许偏差值的，则返工重做

检查内容	常见质量问题	处 理 办 法
室外栏杆	（1）预埋件不牢固，晃动	（1）返工重做
	（2）点焊、漏焊、有毛刺、倒边现象	（2）点焊、漏焊重新补焊，毛刺、倒边进行打磨处理
	（3）焊接接缝不饱满平顺	（3）接缝属于不饱满的可以进行补焊，属于不平顺的轻微的可以采取打磨处理，严重的要求返工重做
	（4）油漆除锈不到位，漏刷和少刷防锈漆	（4）轻微不影响质量的可以作局部处理，严重的则返工重做
	（5）油漆出现色差，并出现流坠、露底	（5）返工重做
	（6）油漆出现锈蚀	（6）先用砂纸打磨再重新刷漆
	（7）护栏玻璃材料缺损、有色差	（7）材料缺损的更换，有色差的先进行调整，如果不行则更换
	（8）护栏玻璃有明显气泡、划痕	（8）更换材料
	（9）护栏玻璃密封胶宽度不一致、不顺直、不均匀，有夹渣、气泡，脱层、开裂现象	（9）密封胶宽度不一致、不顺直、不均匀的修整，有夹渣、气泡，脱层、开裂的返工重做
	（10）木扶手接缝不严密，表面不光滑	（10）打磨处理即可
	（11）木扶手有裂缝、翘曲及损坏	（11）更换材料
	（12）木扶手色泽不一致	（12）经过调整处理后仍然达不到要求的，则更换材料
	（13）超过允许偏差值	（13）通过修饰处理能够达到要求的，可以进行修饰处理；严重超过允许偏差值的，则返工重做

二、建筑工程施工质量验收

1. 验收

建筑工程施工质量应按下列要求进行验收。

（1）建筑工程质量应符合相关标准和相关专业验收规范的规定。

（2）建筑工程施工应符合工程勘察、设计文件的要求。

（3）参加工程施工质量验收的各方人员应具备规定的资格。

（4）工程质量的验收均应在施工单位自行检查评定的基础上进行。

（5）隐蔽工程在隐蔽前应由施工单位通知有关单位进行验收，并应形成验收文件。

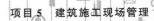

（6）涉及结构安全的试块、试件以及有关材料，应按规定进行见证取样检测。

（7）检验批的质量应按主控项目和一般项目验收。

（8）对涉及结构安全和使用功能的重要分部工程应进行抽样检测。

（9）承担见证取样检测及有关结构安全检测的单位应具有相应资质。

（10）工程的观感质量应由验收人员通过现场检查共同确认。

2. 检验

检验批的质量检验，应根据检验项目的特点在下列抽样方案中进行选择。

（1）计量、计数或计量—计数等抽样方案。

（2）一次、二次或多次抽样方案。

（3）根据生产连续性和生产控制稳定性情况，可采用调整型抽样方案。

（4）对于重要的检验项目，当可以采用简易快速的检验方法时，可选用全数检验方案。

（5）经实践检验有效的抽样方案。

3. 建筑工程质量验收的划分

（1）建筑工程质量验收应划分为单位（子单位）工程、分部（子分部）工程、分项工程和检验批。

（2）单位工程的划分应按下列原则确定：具备独立施工条件并能形成独立使用功能的建筑物及构筑物为一个单位工程；建筑规模较大的单位工程，可将其能形成独立使用功能的部分为一个子单位工程。

（3）分部工程的划分应按下列原则确定：分部工程的划分应按专业性质、建筑部位确定；当分部工程较大或较复杂时，可按材料种类、施工特点、施工程序、专业系统及类别等划分为若干分部工程。

（4）分项工程应按主要工种、材料、施工工艺、设备类别等进行划分。

（5）分项工程可由一个或若干检验批组成，检验批可根据施工及质量控制和专业验收需要按楼层、施工段、变形缝等进行划分。

（6）室外工程可根据专业类别和工程规模划分单位（子单位）工程。

4. 建筑工程质量验收

（1）检验批合格质量应符合下列规定：主控项目和一般项目的质量经抽样检验合格，具有完整的施工操作依据、质量检查记录。

（2）分项工程质量验收合格应符合下列规定：分部工程所含的检验批均应符合合格质量的规定。分项工程所含的检验批的质量验收记录应完整。

（3）分部（子分部）工程质量验收合格应符合下列规定：分部（子分部）工程所含工程的质量均应验收合格，质量控制资料应完整，地基与基础、主体结构和设备安装等分部工程有关安全及功能的检验和抽样检测结果应符合有关规定。

（4）单位（子单位）工程质量验收合格应符合下列规定。

① 单位（子单位）工程所含分部（子分部）工程的质量均应验收合格。

② 质量控制资料应完整。

③ 单位（子单位）工程所含分部工程有关安全和功能的检测资料应完整。

④ 主要功能项目的抽查结果应符合相关专业质量验收规范的规定。

⑤ 观感质量验收应符合要求。

（5）建筑工程质量验收记录应符合下列规定。

① 检验批质量验收可按《建筑工程施工质量验收统一标准》（GB 50300—2013）附录 D 进行。

② 分项工程质量验收可按《建筑工程施工质量验收统一标准》（GB 50300—2013）附录 E 进行。

③ 分部（子分部）工程质量验收应按《建筑工程施工质量验收统一标准》（GB 50300—2013）附录 F 进行。

④ 单位（子单位）工程质量验收，质量控制资料核查，安全和功能检验资料核查及主要功能抽查记录，观感质量检查应按《建筑工程施工质量验收统一标准》（GB 50300—2013）附录 G 进行。

（6）当建筑工程质量不符合要求时，应按下列规定进行处理。

① 经返工重做或更换器具、设备的检验批，应重新进行验收。

② 经有资质的检测单位检测鉴定能够达到设计要求的检验批，应予以验收。

③ 经有资质的检测单位检测鉴定达不到设计要求，但经原设计单位核算认可能够满足结构安全和使用功能的检验批，可予以验收。

④ 经返修或加固处理的分项、分部工程，虽然改变外形尺寸但仍能满足安全使用要求，可按技术处理方案和协商文件进行验收。

（7）通过返修或加固处理仍不能满足安全使用要求的分部工程、单位（子单位）工程，严禁验收。

5. 建筑工程质量验收程序和组织

（1）检验批及分项工程应由监理工程师（建设单位项目技术负责人）组织施工单位项目专业质量（技术）负责人等进行验收。

（2）分部工程应由总监理工程师（建设单位项目负责人）组织施工单位项目负责人和技术、质量负责人等进行验收；地基与基础、主体结构分部工程的勘察、设计单位工程项目负责人和施工单位技术、质量部门负责人也应参加相关分部工程验收。

（3）单位工程完工后，施工单位应自行组织有关人员进行检查评定，并向建设单位提交工程验收报告。

（4）建设单位收到工程报告后，应由建设单位（项目）负责人组织施工（含分包单位）、设计、监理等单位（项目）负责人进行单位（子单位）工程验收。

（5）单位工程有分包单位施工时，分包单位对所承包的工程按本标准规定的程度检查评定，总包单位应派人参加。分包工程完成后，应将工程有关资料交总包单位。

（6）当参加验收各方对工程质量验收意见不一致时，可请当地建设行政主管部门或工程质量监督机构协调处理。

（7）单位工程质量验收合格后，建设单位应在规定时间内将工程竣工验收报告和有关文件，报建设行政管理部门备案。

5.3 工程安全管理

施工单位主要负责人依法对本单位的安全生产工作全面负责。施工单位应当建立健全安全生产责任制度和安全生产教育培训制度，制定安全生产规章制度和操作规程，保证本单位安全生产条件所需资金的投入，对所承担的建设工程进行定期和专项安全检查，并做好安全检查记录。施工单位的项目负责人应当由取得相应执业资格的人员担任，对建设工程项目的安全施工负责，落实安全生产责任制度、安全生产规章制度和操作规程，确保安全生产费用的有效使用，并根据工程的特点组织制定安全施工措施，消除安全事故隐患，及时、如实报告生产安全事故。

施工单位对列入建设工程概算的安全作业环境及安全施工措施所需费用，应当用于施工安全防护用具及设施的采购和更新、安全施工措施的落实、安全生产条件的改善，不得挪作他用。

施工单位应当设立安全生产管理机构，配备专职安全生产管理人员。专职安全生产管理人员负责对安全生产进行现场监督检查。发现安全事故隐患，应当及时向项目负责人和安全生产管理机构报告；对违章指挥、违章操作的，应当立即制止。专职安全生产管理人员的配备办法由国务院建设行政主管部门会同国务院其他有关部门制定。

建设工程实行施工总承包的，由总承包单位对施工现场的安全生产负总责。总承包单位应当自行完成建设工程主体结构的施工。总承包单位依法将建设工程分包给其他单位的，分包合同中应当明确各自的安全生产方面的权利、义务。总承包单位和分包单位对分包工程的安全生产承担连带责任。分包单位应当服从总承包单位的安全生产管理，分包单位不服从管理导致生产安全事故的，由分包单位承担主要责任。

垂直运输机械作业人员、安装拆卸工、爆破作业人员、起重信号工、登高架设作业人员等特种作业人员，必须按照国家有关规定经过专门的安全作业培训，并取得特种作业操作资格证书后，方可上岗作业。

施工单位应当在施工组织设计中编制安全技术措施和施工现场临时用电方案，对下列达到一定规模的危险性较大的分部分项工程编制专项施工方案，并附具安全验算结果，经施工单位技术负责人、总监理工程师签字后实施，由专职安全生产管理人员进行现场监督。

（1）基坑支护与降水工程。

（2）土方开挖工程。

（3）模板工程。

（4）起重吊装工程。

（5）脚手架工程。

（6）拆除、爆破工程。

（7）国务院建设行政主管部门或者其他有关部门规定的其他危险性较大的工程。

对上述所列工程中涉及深基坑、地下暗挖工程、高大模板工程的专项施工方案，施工单位还应当组织专家进行论证、审查。

建设工程施工前，施工单位负责项目管理的技术人员应当对有关安全施工的技术要求向施工作业班组、作业人员做出详细说明，并由双方签字确认。

施工单位应当在施工现场入口处、施工起重机械、临时用电设施、脚手架、出入通道口、楼梯口、电梯井口、孔洞口、桥梁口、隧道口、基坑边沿、爆破物及有害危险气体和液体存放处等危险部位，设置明显的安全警示标志。安全警示标志必须符合国家标准。施工单位应当根据不同施工阶段和周围环境及季节、气候的变化，在施工现场采取相应的安全施工措施。施工现场暂时停止施工的，施工单位应当做好现场防护，所需费用由责任方承担，或者按照合同约定执行。

施工单位应当将施工现场的办公、生活区与作业区分开设置，并保持安全距离；办公、生活区的选址应当符合安全性要求。职工的膳食、饮水、休息场所等应当符合卫生标准。施工单位不得在尚未竣工的建筑物内设置员工集体宿舍。施工现场临时搭建的建筑物应当符合安全使用要求。施工现场使用的装配式活动房屋应当具有产品合格证。

施工单位对因建设工程施工可能造成损害的毗邻建筑物、构筑物和地下管线等，应当采取专项防护措施。施工单位应当遵守有关环境保护法律、法规的规定，在施工现场采取措施，防止或者减少粉尘、废气、废水、固体废物、噪声、振动和施工照明对人和环境的危害和污染。在城市市区内的建设工程，施工单位应当对施工现场实行封闭围挡。

施工单位应当在施工现场建立消防安全责任制度，确定消防安全责任人，制定用火、用电、使用易燃易爆材料等各项消防安全管理制度和操作规程，设置消防通道、消防水源，配备消防设施和灭火器材，并在施工现场入口处设置明显标志。

施工单位应当向作业人员提供安全防护用具和安全防护服装，并书面告知危险岗位的操作规程和违章操作的危害。作业人员有权对施工现场的作业条件、作业程序和作业方式中存在的安全问题提出批评、检举和控告，有权拒绝违章指挥和强令冒险作业。在施工中发生危及人身安全的紧急情况时，作业人员有权立即停止作业或者在采取必要的应急措施后撤离危险区域。

作业人员应当遵守安全施工的强制性标准、规章制度和操作规程，正确使用安全防护用具、机械设备等。

施工单位采购、租赁的安全防护用具、机械设备、施工机具及配件，应当具有生产（制造）许可证、产品合格证，并在进入施工现场前进行查验。施工现场的安全防护用具、机械设备、施工机具及配件必须由专人管理，定期进行检查、维修和保养，建立相应的资料档案，并按照国家有关规定及时报废。

施工单位在使用施工起重机械和整体提升脚手架、模板等自升式架设设施前，应当组织有关单位进行验收，也可以委托具有相应资质的检验检测机构进行验收；使用承租的机械设备和施工机具及配件的，由施工总承包单位、分包单位、出租单位和安装单位共同进行验收，验收合格的方可使用。《特种设备安全监察条例》中规定的施工起重机械，在验收前应当经有相应资质的检验检测机构监督检验合格。施工单位应当自施工起重机械和整体提升脚手架、模板等自升式架设设施验收合格之日起 30 日内，向建设行政主管部门或者其他有关部门登记。登记标志应当置于或者附着于该设备的显著位置。

施工单位的主要负责人、项目负责人、专职安全生产管理人员应当经建设行政主管部门或者其他相关部门考核合格后方可任职。施工单位应当对管理人员和作业人员每年至少进行一次安全生产教育培训，其教育培训情况记入个人工作档案。安全生产教育培训考核不合格的人员，不得上岗。

作业人员进入新的岗位或者新的施工现场前，应当接受安全生产教育培训。未经教育培训或者教育培训考核不合格的人员，不得上岗作业。施工单位在采用新技术、新工艺、新设备、新材料时，应当对作业人员进行相应的安全生产教育培训。

施工单位应当为施工现场从事危险作业的人员办理意外伤害保险。意外伤害保险费由施工单位支付。实行施工总承包的，由总承包单位支付意外伤害保险费。意外伤害保险期限自建设工程开工之日起至竣工验收合格止。

复习思考题5

一、填空题

1. 材料的验收入库应当在材料进场时当场进行,并应开具＿＿＿＿＿＿＿,在材料的入库单上应详细地填写入库材料的＿＿＿＿＿＿＿等信息。

2. 对于大宗材料、高档材料、特殊材料等要及时索要"三证"(＿＿＿＿＿、＿＿＿＿＿、＿＿＿＿＿),产品质量检验报告须加盖红章。

3. 做到日清、月结、季盘点,年终清仓。材料盘点要求做到:"三清",即＿＿＿＿＿、＿＿＿＿＿、＿＿＿＿＿;"三有",即＿＿＿＿＿＿＿、＿＿＿＿＿＿＿、＿＿＿＿＿＿＿;"四对口",即账、卡、物、资金对口。

4. 工程质量的验收均应在施工单位＿＿＿＿＿＿的基础上进行。

5. 检验批的质量应按＿＿＿＿＿＿和＿＿＿＿＿＿验收。

6. 建筑工程质量验收应划分为＿＿＿＿＿＿、＿＿＿＿＿＿、＿＿＿＿＿＿和＿＿＿＿＿＿。

7. 分项工程可由一个或若干个检验批组成,检验批可根据施工及质量控制和专业验收需要按＿＿＿＿＿＿、＿＿＿＿＿＿、＿＿＿＿＿＿等进行划分。

8. 隐蔽工程在隐蔽前应由＿＿＿＿＿＿通知有关单位进行验收,并应形成验收文件。

9. 单位工程完工后,＿＿＿＿＿＿应自行组织有关人员进行检查评定,并向＿＿＿＿＿＿提交工程验收报告。

10. ＿＿＿＿＿＿依法对本单位的安全生产工作全面负责。

11. 垂直运输机械作业人员、安装拆卸工、爆破作业人员、起重信号工、登高架设作业人员等特种作业人员,必须按照国家有关规定经过专门的安全作业培训,并取得＿＿＿＿＿＿后,方可上岗作业。

二、简答题

1. 如何进行材料的验收与入库?

2. 如何进行材料的保管?

3. 建筑工程施工质量应从哪几个方面检查?

4. 如何组织建筑工程质量验收?

5. 什么情况下需要编制专项施工方案?

Chapter 6

项目6 编制施工组织设计

📝 学习目标

1. 知识目标

（1）了解单位工程施工组织的基本概念，掌握单位工程施工组织设计的编制方法。

（2）熟悉单位工程施工组织设计的内容。

（3）初步具备编制和组织落实施工组织设计的能力。

（4）文字表达和沟通协调能力。

2. 技能目标

（1）能使用签发施工任务单和限额领料等方法管理施工。

（2）具有信息搜索、使用的能力；能够计算网络图时间参数。

（3）能够收集整理齐全工程前期的各种资料。

（4）能够将知识举一反三，具备较强的自学能力。

⬡ 引例导入

某工程的工程概况如下。

1. 工程特点

本工程为民用砖混结构六层住宅楼，一字形平面，全长 51.84 米，宽 12.96 米，建筑面积 3 300 平方米，层高 2.8 米，檐口标高 16.8 米。工程投资 158 万元，开工日期为 2004 年 6 月 3 日，竣工日期为当年 12 月 30 日，除节假日、雨天外，实际施工按 145 天左右控制。

2. 设计概况

本工程室内墙面普通抹灰，板底嵌缝后，与墙面一起喷白两遍；水泥砂浆楼地面；外墙的檐口及窗台线、楼梯的墙柱面上做米黄色干粘石；阳台顶立面贴浅绿色玻璃马赛克；其他各墙面为水泥砂浆搓沙抹灰。屋面为水泥砂浆找平层上做二毡三油防水层、上铺架空隔热板。

本工程为砖混结构；砖砌大放脚条形基础、混凝土垫层、深 1.70 米；砖墙、预制钢筋混凝土空心楼板；楼梯现浇；设地圈梁一道，每层都设圈梁一道。

3. 设计资料

（1）主要施工项目工程量见表 6-1。

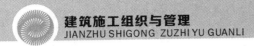
表 6-1 工程主要实物量统计表

序 号	工程量名称		单 位	数 量
1	基槽人工挖土		m³	529
2	基础混凝土垫层		m³	86.3
3	砌砖基础		m³	188.8
4	钢筋混凝土地圈梁		m³	24
5	基槽、室内回填土		m³	393
6	砌砖墙		m³	1 407.1
7	现浇圈梁、雨篷	模板	m²	2 580
		钢筋	kg	8 190
		混凝土	m³	116.4
8	吊装梁、板、灌板缝		块/m³	1 439/13.5
9	屋面水泥砂浆找平层		m²	536.8
10	冷底子油、油毡防水层		m²	536.8
11	砌砖墩、铺隔热板		m³/块	4.2/1 384
12	混凝土地石垫层		m³	27.8
13	木门窗、钢窗、栏杆安装		m²/t	1 370.7/2.1
14	楼地面面层		m²	2 551.4
15	外墙抹灰、装修		m²	2 566.5
16	内墙抹灰		m²	8 107.5
17	木门、窗扇安装		m²	700.8
18	厨房、厕所贴瓷砖		m²	645.6
19	板底、墙面刷白		m²	10 887.6
20	门窗、栏杆油漆		m²	1 479.2
21	玻璃安装		m²	757.8
22	楼梯踏步抹灰		m²	206.8
23	勒脚、散水、明沟		m²/m	3 98.8/135

（2）施工现场平面图见图 6-1。

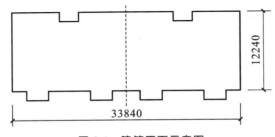

图 6-1 建筑平面示意图

4. 要求

试根据所给条件编制一份施工组织设计。

熟悉编制单位工程施工组织设计的依据、程序及内容

单位工程施工组织设计是建筑施工企业组织和指导单位工程施工全过程各项活动的技术经济文件。

单位工程施工组织设计一般由施工单位的工程项目主管工程师负责编制。

一、单位工程施工组织设计的任务及编制依据

1. 任务

单位工程施工组织设计的任务,就是根据工程项目总体规划安排和组织有关的原始资料,并结合实际的施工条件,从整个工程项目施工的全局出发,选择合理的施工方案,确定科学合理的各分部分项工程间的搭接、配合关系,以及规划符合施工现场情况的平面布置图,从而以最少的投入,在规定的工期内,生产出质量好、成本低的建筑产品。

2. 编制依据

(1) 上级主管部门的批示文件及建设单位的要求。

(2) 有效的施工图纸及设计单位对施工的要求。

(3) 施工企业年度生产计划对该工程项目的安排和规定的有关指标。

(4) 资源配备情况。

(5) 建设单位可能提供的条件和水、电供应情况。

(6) 施工现场条件和勘察资料。

(7) 预算文件和国家规范等资料,工程的预算文件等应提供工程量和预算成本。

(8) 施工企业的质量管理体系、标准文件等。

二、单位工程施工组织设计的编制内容

根据建筑物的规模大小、结构的复杂程度,采用新技术的内容,工期要求,建设地点的自然经济条件,施工单位的技术力量及其对该类工程的熟悉程度等方面的差异,单位工程施工组织设计的编制内容与深度有所不同。较完整的单位工程施工组织设计包含如下内容。

1. 工程概况及施工特点

工程概况和施工特点分析是对拟建工程特点、地点特征、抗震设防的要求、工程的建筑面积和施工条件等所做的一个简要的、突出重点的介绍。

2. 施工方案

施工方案包括确定总的施工顺序及确定施工流向,主要分部分项工程的划分及其施工方法的选择,施工段的划分,施工机械的选择,技术组织措施的制定等。

3. 施工进度计划

施工进度计划表是介绍各分部分项工程的项目、数量、施工顺序、搭接和交叉作业的表格。此外,还应列出劳动力、材料、机具、预制配件、半成品等需要量计划。因此,从施工进度计划表中要反映出整个工程施工的全过程。寻求最优施工进度的指标使资源需要量均衡,在合理使用资

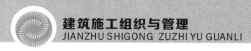

源的条件下和不提高施工费用的基础上,力求使工期最短。

4. 施工准备工作计划

施工准备是单位工程施工组织设计的一项重要工作。施工准备工作宏观地分为内部资料准备和外部物质准备两大部分。

5. 需要量计划

劳动力、材料、构件、加工品、施工机械和机具等资源需要量计划。

6. 施工平面图

绘制装饰装修材料和配件现场临时堆放的位置、施工机械的位置,力求使材料的二次搬运最少。

7. 保证质量、安全,降低成本等技术组织措施

为了保证工程的质量,要针对不同的工作、工种和施工方法,制定出相应的技术措施和不同的质量保证措施。同时要保证文明施工、安全施工。

8. 各项技术经济指标

包括工期指标、劳动生产率指标、质量指标、安全指标、降低成本指标、主要工程工种机械化指标、三大材料节约指标等。

三、单位工程施工组织设计的编制程序

单位工程施工组织设计的编制程序,是指对其组成部分形成的先后次序及相互之间的制约关系的处理。单位工程施工组织设计的编制程序如图 6-2 所示。

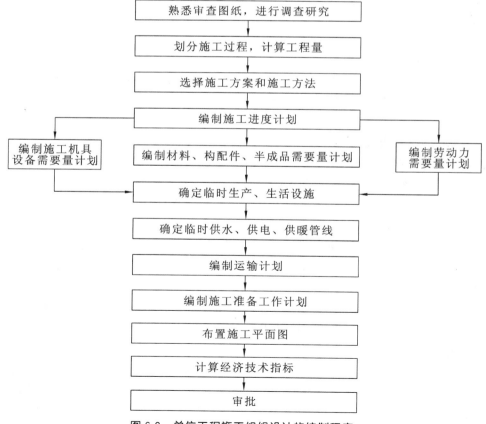

图 6-2 单位工程施工组织设计的编制程序

6.2 熟悉工程概况的内容及作用 ·····························

单位工程施工组织设计的工程概况,是对拟建工程的特点、施工条件及施工特点、建设单位的基本情况,施工合同目标等进行的简洁明了的文字描述或列表说明。

1. 工程建设概况

拟建工程的建设单位,工程名称,工程规模、性质、用途、资金来源及工程投资额,开竣工的日期,设计单位,施工单位(包括施工总承包和分包单位),施工图纸情况,施工合同,主管部门的有关文件或要求,组织施工的指导思想等。

2. 工程施工概况

对工程全貌进行综合说明,主要介绍以下几方面情况。

1)建筑设计特点

一般需说明:拟建工程的建筑面积、层数、高度、平面形状、平面组合情况及室内外的装修情况,并附平面、立面剖面简图。

2)结构设计特点

一般需说明:基础的类型,埋置的深度,主体结构的类型,预制构件的类型及安装,抗震设防的烈度。

3)建设地点的特征

一般包括拟建工程的位置,地形,工程地质条件;不同深度土壤的分析,冻结时间与冻结厚度,地下水位、水质;气温,主导风向,风力。

4)施工条件

一般包括"三通一平"的情况(建设单位提供水、电源及管径、容量、电压等);现场周边的环境;施工场地的大小;地上、地下各种管线的位置;当地交通运输的条件;预制构件的生产及供应情况;预拌混凝土的供应情况;施工企业、机械、设备和劳动力的落实情况;劳动力的组织形式和内部承包方式等。

3. 工程施工特点

概括单位工程的施工特点是施工中的关键问题,以便在选择施工方案、组织资源供应、技术力量配备以及施工组织上采取有效的措施,保证施工的顺利进行。

对于规模不大的工程,也可采用表格形式对工程概况进行说明,如表 6-2 至表 6-5 所示。

表 6-2 工程建设概况一览表

工 程 名 称		工 程 地 址	
建设单位		勘察单位	
设计单位		监理单位	
建设工期		总投资金额	
质量标准		总建设面积	
结构形式		资金来源	

表 6-3　建设概况一览表

占地面积			层高	一层		建筑面积	
基层建筑面积				二层		建筑总高度	
层数				三层			
装饰装修	外墙						
	楼地面	地面					
		楼面					
	内墙面						
	顶棚						
	门窗						
	楼梯						
防水							
屋面工程							
保温节能							
环境保护							

表 6-4　结构设计概况一览表

地基基础	桩基	类型：		桩径：		总桩数：
		持力层：		试桩：		桩长：
		单桩承载力设计：			混凝土强度等级：	
	承台、地梁	地面标高：				
		承台断面尺寸：				
		地梁断面尺寸：				
主体结构	主要结构尺寸	柱：				
		梁：				
		板厚：				
		墙厚：				
	混凝土强度等级					
	钢筋					
	钢筋接头方式					
	砖墙					

表 6-5　施工条件、总体安排

工地条件简介		施工安排说明	
项　目	说　明	项　目	说　明
场地面积		总工期	
场地地势		地下建设工期	
场地内外道路		主体建设工期	
施工用水		装修工期	

工地条件简介		施工安排说明	
项　　目	说　　明	项　　目	说　　明
施工用电		单方耗工（工日/m²）	
施工电话		总工日	
地下障碍物		冬季施工安排	
地上障碍物		雨季施工安排	
周围环境		垂直运输	
防火条件		混凝土构件	
现场预制条件		钢构件	
就地取材		打桩	
占地要求		土方	
邻近建筑物情况		地下水	
内脚手架		吊装方法	
外脚手架		关键部位	

6.3 施工方案的编制

施工方案是单位工程施工组织设计的核心。施工方案合理与否将直接影响工程的施工效率、质量、工期和技术经济效果。

施工方案制订的步骤如图 6-3 所示。

图 6-3　施工方案制订步骤流程图

一、确定施工程序

施工程序是指单位工程中各分部工程或施工阶段的先后顺序及其制约关系。工程施工受到自然条件和物质条件的制约,它在不同的施工阶段有不同的工作内容,需要按照其固有的、不可违背的先后顺序向前开展,它们之间有着不可分割的联系,既不能相互替代,也不可以颠倒或跨越。

1. 接受任务阶段

接受任务阶段是其他各个阶段的前提条件,也即是首先需要有一个载体,一项工程。

2. 开工前准备阶段

完成一项工程,需要做很多前期的准备工作,使单位工程具备开工条件,然后提出开工报告,

并经审查批准后方可正式开工。

3. 全面施工阶段

这个阶段是整个工程的主要部分,需要遵循施工程序。

遵守"先地下后地上""先土建后设备""先主体后围护""先结构后装饰"的原则。

① "先地下后地上":是指地上工程开始前,尽量把管道、线路等地下设施和土方工程做好或基本完成,以免对地上工程施工产生干扰。

② "先土建后设备":是指土建与给排水、采暖通风、强弱电、智能工程的关系,统一考虑、合理穿插,土建要为安装的预留、预埋提供方便、创造条件,安装要注意土建的成品保护。

③ "先主体后围护":主要指框架结构在施工程序上的搭接关系,多层民用建筑工程结构与装修以不搭接为宜,而高层建筑则应考虑搭接施工,以有效节约工期。

④ "先结构后装饰":是指一般情况而言,有时为了压缩工期,也可以部分搭接施工。

由于影响施工的因素很多,故施工程序并不是一成不变的,随着建筑工业化的发展,有些施工程序也将发生变化。

4. 竣工验收阶段

工程施工完成后,施工单位应内部预先验收;然后由建设单位、施工单位和质检部门进行竣工验收。

二、确定施工起点流向

确定施工起点流向就是确定单位工程在平面或竖直方向上施工开始的部位和开展的方向。施工的起点流向决定了整个单位工程施工的方法和步骤。

确定施工起点流向一般应考虑如下因素。

(1) 施工方法是确定施工起点流向的关键因素。例如,一幢建筑物采用逆作法和顺作法施工的起点流向是不一样的。

(2) 车间的生产工艺流程,往往是确定施工流向的主要因素。

(3) 建设单位对生产和使用的需要。一般应考虑建设单位对生产或使用较急的工段或部位先施工。

(4) 施工的繁简程度。一般技术复杂、施工进度慢、工期较长的区段或部位应先施工。

(5) 当房屋有高低层或高低跨时,应从高低层或高低跨部位开始施工。

(6) 工程现场条件和施工方案。施工现场的大小、道路布置和施工方案所采用的施工方法和机械也是确定施工起点流向的主要因素。

(7) 施工组织的分层分段。划分施工层、施工段的部位,如变形缝和施工缝处,也是决定其施工起点流向应考虑的因素。

(8) 分部分项工程的特点及相互关系。例如,基础工程由施工机械和施工方法决定其平面的施工流程;主体结构工程从平面上看,从那一边先开始都可以,但竖直方向上一般应从下往上施工;装饰装修工程竖向的流程比较复杂。

下面以多层建筑物装饰工程为例加以说明。装饰装修其施工起点流向一般分为:室外装饰工程自上而下的流水施工方案、室内装饰工程自上而下和自下而上,以及自中而下再自上而中的三种流水施工方案。

(1) 室内装饰工程自上而下的流水施工方案,通常是主体结构工程封顶、做好屋面防水后,从顶层开始,逐层往下进行。其施工流向如图6-4所示,有水平向下、垂直向下两种情况(通常采用水平向下)。这种方案的优点是:①主体结构完成后有一定的沉降时间,能保证装饰工程的质量;②做好屋面防水层后,可防止在雨季施工时因雨水渗漏而影响装饰工程质量;③自上而下的流水施工,各个施工过程之间的交叉作业少,影响小,便于组织施工,有利于保证施工安全,从上而下清理垃圾方便。其缺点是不能与主体施工搭接,因而工期较长。

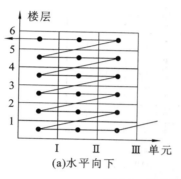 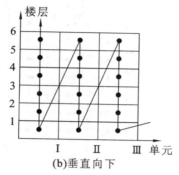

图6-4 室内装饰工程自上而下的流向

(2)室内装饰工程自下而上的流水施工方案,是指当主体结构工程的砖墙砌到2～3层以上时,装饰工程从一层开始,逐层向上进行,其施工流向如图6-5所示,有水平向上和垂直向上两种情况。这种方案的优点是:可以和主体砌筑工程进行交叉施工,故可以缩短工期。其缺点是各个施工过程之间交叉较多,需要很好的组织和安排,并采取安全技术措施。

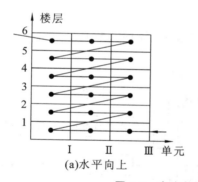 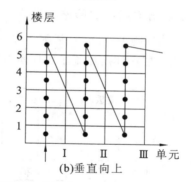

图6-5 室内装饰工程自下而上的流向

(3)室内装饰工程自中而下再自上而中的流水施工方案。该方案综合了上述两者的优缺点,适用于中、高层建筑的装饰工程,如图6-6所示。

室外装饰工程一般总是采取自上而下的起点流向。

三、确定施工顺序

施工顺序是指分项工程或工序之间施工的先后顺序。确定施工顺序时,一般应考虑以下几项因素。

(1)遵循施工程序。

(2)符合施工工艺要求。

(3)与施工方法一致。

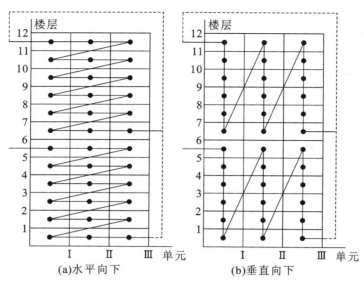

图 6-6　室内装饰工程自中而下再自上而中的流向

（4）按照施工组织的要求。

（5）考虑施工安全和质量。

（6）考虑当地气候的影响。

现将多层混合结构居住房屋和装配式钢筋混凝土单层工业厂房的施工顺序分别叙述如下。

1. 多层混合结构居住房屋施工顺序

多层混合结构的施工，可分为基础工程、主体结构工程、屋面及装修工程三个阶段。如图 6-7 所示为混合结构三层居住房屋施工顺序示意图。

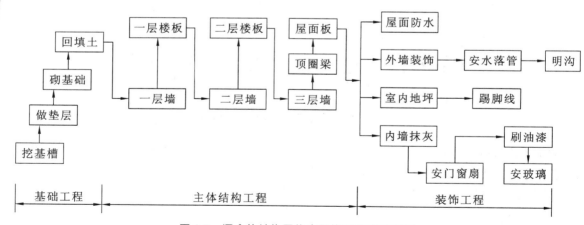

图 6-7　混合体结构居住房屋施工顺序示意图

1）基础工程的施工顺序

基础工程阶段是指室内地坪（±0.00）以下的所有工程施工阶段。其顺序是：挖土→做垫层→砌基础→铺防潮层→回填土。如果地下有障碍物、坟穴、防空洞等，需先进行处理；如有桩基础，应先进行桩基础施工；如有地下室，则在基础砌完或砌完一部分后，砌筑地下室墙；在做完防潮层后安装地下室顶板,最后回填土。

2) 主体结构的施工顺序

主体结构工程阶段的工作,通常包括搭脚手架、墙体砌筑、安门窗框、安预制过梁、安预制楼板、现浇卫生间楼板、安楼梯或浇楼梯、安屋面板等工程。

3) 屋面和装饰工程的施工顺序

屋面工程的施工顺序分为找平层→隔气层→保温层→找平层→防水层。一般情况下,屋面工程可以和装饰工程搭接或平行施工。

装饰工程可分室外装饰工程和室内装饰工程。室内外装饰工程的施工顺序有先内后外、先外后内、内外同时进行三种顺序。

同一层的室内抹灰施工顺序有:地面→天棚→墙面和天棚→墙面→地面两种。

底层地面一般多是在各层天棚、地面、楼面做好之后进行,门窗安装一般在抹灰之前或后进行,具体应视气候和条件而定。

室外装饰工程在由上往下每层装饰、落水管等分项工程全部完成后,即开始拆除该层的脚手架。然后进行散水坡及台阶的施工。

4) 水暖电卫等工程的施工顺序

水暖电卫工程不同于土建工程,一般与土建工程中有关分项工程之间进行交叉施工,紧密配合。

在基础工程施工时,先将相应的上下水管沟和暖气管沟的垫层,管沟墙做好,然后回填土。

在主体结构施工时,应在砌墙或现浇钢筋混凝土楼板同时,预留上下水管和暖气立管的孔洞、电线孔槽或预埋木砖和其他预埋件。

在装饰工程施工前,安设相应的各种管道和电气照明用的附墙暗管、接线盒等。水暖电卫安装一般在楼地面和墙面抹灰前或后穿插施工。

2. 装配式钢筋混凝土单层工业厂房的施工顺序

装配式钢筋混凝土单层工业厂房的施工可分为基础工程、预制工程、结构安装工程、围护工程和装饰工程等五个施工阶段,如图 6-8 所示为装配式单层工业厂房的施工顺序。

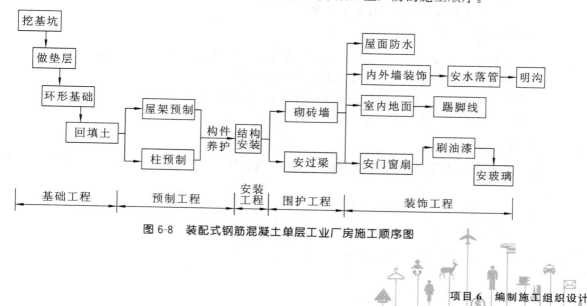

图 6-8　装配式钢筋混凝土单层工业厂房施工顺序图

1）基础工程施工顺序

基础工程的施工顺序通常是基坑挖土→垫层→绑筋→支基础模板→浇混凝土基础→养护→拆模→回填土。

对于厂房的设备基础，通常有如下三种方案。

（1）当厂房柱基础的埋置深度大于设备基础埋置深度时，采用封闭式施工，即厂房柱基础先施工，设备基础后施工。

（2）当设备基础埋置深度大于厂房基础的埋置深度时，通过采用开敞式施工，即厂房柱基础后施工和设备基础先施工。

（3）同时施工，只有当设备基础较大较深，其基坑的挖土范围已经与柱基础的基坑挖土范围连成一片或深于厂房柱基础，以及厂房所在地点土质不佳时，方采用厂房柱基础与设备基础同时施工的顺序。

2）预制工程的施工顺序

单层工业厂房构件的预制方式，一般采用加工厂预制和现场预制相结合的方法。一般来说，预制构件的施工顺序与结构吊装方案有关，具体情况如下。

（1）场地狭小、工期又允许时，构件制作可分别进行。先预制柱和吊车梁，待柱和梁安装完毕后再进行屋架预制。

（2）场地宽敞时，可在柱、梁制完后即进行屋架预制。

（3）场地狭小且工期又紧时，可将柱和梁等构件在拟建车间内就地预制，同时在外进行屋架预制。现场后张法预应力屋架的施工顺序为：场地平整夯实支模→扎筋→预留孔道→浇筑混凝土→养护→拆模→预应力筋张拉→锚固→放张→灌浆。

四、选择施工方法和施工机械

选择施工方法和施工机械是施工方案中的关键问题。

1. 选择施工方法

选择施工方法时着重考虑影响整个单位工程施工的分部分项工程。

通常，施工方法选择的内容有如下几项。

1）土石方工程

（1）计算土石方工程量，确定土石方开挖或爆破方法，选择土石方施工机械。

（2）确定放坡坡度系数或土壁支撑形式和打设方法。

（3）选择排除地面、地下水的方法，确定排水沟、集水井或井点布置。

（4）确定土石方平衡调配方案。

2）基础工程

（1）浅基础中垫层、混凝土基础和钢筋混凝土基础施工的技术要求，以及施工地下室的技术要求。

（2）桩基础施工方法及施工机械选择。

3）砌筑工程

（1）砖墙的砌筑方法和质量要求。

（2）弹线及皮数杆的控制要求。

（3）确定脚手架搭设方法及安全网的挂设方法。

4）钢筋混凝土工程

（1）确定模板类型及支模方法，对于复杂的工程还需要进行模板设计及绘制模板放样图。

（2）选择钢筋的加工、绑扎和焊接方法。

（3）选择混凝土的搅拌、输送及浇筑顺序和方法，确定混凝土搅拌设备的类型和规格，确定施工缝的留设位置。

（4）确定预应力混凝土的施工方法、控制应力和张拉设备等。

5）结构安装工程

（1）确定结构安装方法和起重机械。

（2）确定构件运输及堆放要求。

6）屋面工程

屋面各个分项工程施工的操作要求。

7）装饰工程

（1）各种装修的操作要求和方法。

（2）选择材料运输方式及储存要求。

2. 选择施工机械

机械化施工是改变建筑工业生产落后面貌，实现建筑工业化的基础，因此施工机械的选择是施工方法选择的中心环节。选择施工机械时，应着重考虑以下几个方面。

（1）选择施工机械时，应首先根据工程特点选择适宜的主导工程的施工机械。

（2）几种辅助机械或运输工具应与主导机械的生产能力协调配套，以充分发挥主导机械的效率。

（3）在同一工地上，应力求建筑机械的种类和型号少一些，以利于机械管理。

（4）选择机械时应首先考虑充分发挥施工单位现有机械的能力。

3. 施工方案的技术经济评价

一般来说，施工方案的技术经济评价有定性分析评价和定量分析评价两种。

1）定性分析评价

定性分析评价是根据经验对单位工程施工组织设计的优劣进行分析。例如，工期是否合适，可按一般规律或施工定额进行分析；选择的施工机械是否合适，主要看它能否满足使用要求；流水施工段划分是否适当，主要看它是否给流水施工带来方便；施工平面图设计是否合理，主要看场地是否能够合理利用，临时设施费用是否适当等。定性分析评价法比较方便，但不精确，不能优化，决策容易受到主观因素的制约。

2）定量分析评价

定量分析常分为如下两种方法。

（1）多指标分析法。它是用价值指标、实物指标和工期指标等一系列单个的技术经济指标，对各个方案进行分析对比并从中选优的方法。

定量分析的指标通常有以下几项。

① 工期指标。当要求工程尽快完成以便尽早投入生产或使用时,选择施工方案时就应在确保工程质量、安全和成本较低的条件下,优先考虑缩短工期。

② 劳动量指标。它能反映施工机械化程度和劳动生产率水平。通常,在施工方案中劳动量消耗越小,则机械化程度和劳动生产率越高。劳动消耗指标以工日数计算。

③ 主要材料消耗指标。该指标反映的是若干施工方案的主要材料节约的情况。

④ 成本指标。该指标反映施工方案的成本高低,一般需计算方案所用直接费和间接费。成本指标 C 可由下式计算。

$$C = 直接费 \times (1 + 综合费率) \tag{6-1}$$

式中:C——完成某项工程所需的总成本。

其中:直接费 = 定额直接费 $\times$(1+其他直接费率)。

综合费率应考虑间接费、技术装备费或某些其他费用。

⑤ 投资额指标。当选定的施工方案需要增加新的投资时,则需设置增加投资额的指标,进行比较。

【例 6-1】 现欲开挖大模板工艺多层钢筋混凝土结构居住房屋的基础,其平面尺寸为 147.5 m ×124.46 m,坑深为 3.71 m,土为二类土,土方量为 9 000 m³。因场地狭小,挖出的土除就地存放 1 200 m³ 准备回填之用外,其余土须用汽车及时运走。

【解】 根据现有劳动力和机械设备条件,可以采用以下三种施工方案。

【方案 1】 W1-100 型反铲挖土机挖土,翻斗汽车运土方案。

用反铲挖土机挖基坑不需要开挖斜道,每班需二级普工 2 人,修整劳动量为 51 工日,均为二级普工。W1-100 型反铲挖土机的台班生产率为 529 m³,每台班租赁费 319.95 元(含两名操作工人工资在内),拖车台班费为 333.60 元。

① 工期指标(一班制)。

$$T = 9\,000/529 \approx 17\ 班,即为 17 天$$

② 劳动量指标。

$$Q = (2 \times 17 + 2 \times 17 + 51)工日 = 119\ 工日$$

③ 成本指标。

挖土进场影响工时按 0.5 台班考虑,拖运费按拖车的 0.5 台班考虑,人工工资为 11.09 元/工日,基坑开挖直接费用为:

$$[17 \times 319.95 + 0.5 \times 319.95 + 0.5 \times 333.60 + (2 \times 17 + 51) \times 11.09]元 = 6\,708.58\ 元$$

直接费 $=[6\,708.58 \times (1 + 6.9\%)]元 = 7\,171.47\ 元$

其中,6.9% 为其他直接费率,考虑综合费率 22.5%,则有:

$$C = [7\,171.47 \times (1 + 22.5\%)]元 = 8\,785.05\ 元$$

【方案 2】 采用 W-50 正铲挖土机(其斗容量为 0.5 m³),该方案需先开挖一条供挖土机及汽车出入的斜道,斜道土方量约为 120 m³,W-50 正铲挖土机台班生产率为 518 m³,每台班租费为 319.95 元(含两名操作工人的工资在内)。配合挖土机工作需配普工工人,斜道回填需 33 工日,基坑修整需 51 工日。

① 工期指标(考虑回填斜道用 1 个台班)。

$$T = [9\,000/518 + 120/518 + 1]台班 = 18.5\ 台班$$

② 劳动量指标。

$$P = (2 \times 18.5 + 2 \times 18.5 + 33 + 51)工日 = 158\ 工日$$

③ 成本指标。

基坑开挖所需直接费为：

$$[18.5 \times 319.95 + 0.5 \times 319.95 + 0.5 \times 333.60 + (2 \times 18.5 + 51 + 33) \times 11.09] 元 = 7\ 587.74\ 元$$

$$直接费用 = 7\ 587.74 \times (1 + 6.9\%) 元 = 8\ 111.29\ 元$$

$$C = 8\ 111.29 \times (1 + 22.5\%) 元 = 9\ 936.33\ 元$$

【方案 3】 采用人工开挖，人工装土及翻斗车运土方案。此方案需要人工开挖两条斜道，以便翻斗车进出。两条斜道的土方量约为 40 m³。挖土每班普工 69 人，翻斗车装土每班需配备二级普工 36 人。回填斜道需劳动量 150 工日，人工挖土方的产量定额为每工日 8 m³。

① 工期指标（一班制）。

$$T = \frac{(9\ 000 + 400) \div 8}{69} 天 = \frac{1\ 175}{69} 天 = 17\ 天$$

② 劳动量指标。

$$(1\ 175 + 36 \times 17 + 150) 工日 = 1\ 937\ 工日$$

③ 成本指标。

直接费用为：$1\ 937 \times 11.09\ 元 = 21\ 481.33\ 元$

$$直接费 = 21\ 481.33 \times (1 + 6.9\%) 元 = 22\ 963.54\ 元$$

$$C = 22\ 963.54 \times (1 + 22.5\%) 元 = 28\ 130.34\ 元$$

将上述三种方案有关指标计算结果汇总后得到表 6-6。

表 6-6　基坑开挖不同方案的技术经济指标比较

开挖方案	工期指标 T/天	劳动量指标 P/工日	成本指标 C/元	方案说明
方案 1	17	119	8 785.05	反铲挖土机 W1-100 型
方案 2	18.5	154	9 936.33	正铲挖土机 W-50
方案 3	17	1 937	28 130.34	人工开挖

从表 6-6 中的指标值可以看出，方案 1 的各指标均较优，故采用方案 1。

（2）综合指标分析方法。

综合指标分析方法是以多指标为基础，将各指标的值按照一定的计算方法进行综合后得到一个综合指标进行评价的方法。

通常该方法首先根据多指标中的各个指标在评价中重要性的相对程度，分别定出权重值 W_i，再用同一指标依据其在各方案中的优劣程度定出其相应的分值 C_{ij}，设有 m 个方案和 n 种指标，则第 i 方案的综合指标 A_i 为

$$A_i = \sum_{j=1}^{n} C_{ij} \cdot W_j \tag{6-2}$$

式中：$i = 1, 2, \cdots, m$；$j = 1, 2, \cdots, n$。

综合指标值最大者为最优方案。

6.4 施工进度计划的编制 ......

单位工程施工进度计划是在确定了施工方案的基础上，根据规定工期和资源供应条件，按照

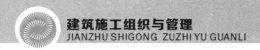

施工过程的合理施工顺序和组织施工的原则,用图表的形式(横道图或网络图),对一个工程从开始施工到工程全部竣工的各个项目,确定其在时间上的安排和相互间的搭接关系。在此基础上,才可以编制月计划、季度计划及各项资源需要量计划。所以,施工进度计划是单位工程施工组织设计中的一项非常重要的内容。

一、施工进度计划的作用

单位工程施工进度计划的作用主要有以下几点。

(1)控制单位工程的施工进度,保证在规定工期内完成满足质量要求的工程任务。

(2)确定单位工程的各个施工过程的施工顺序,施工持续时间及相互衔接和合理配合关系。

(3)为编制季度、月度生产作业计划提供依据。

(4)确定劳动力和各种资源需要量计划和编制施工准备工作计划的依据。

二、施工进度计划的分类

单位工程施工进度计划根据施工项目划分的粗细程度,可分为以下几类。

1. 控制性进度计划

控制性进度计划是以分部工程来划分施工项目,控制各分部工程的施工时间及其相互搭接配合关系。控制性进度计划只适用于工程结构复杂、规模较大、工期较长并且要跨年度施工的工程,以及工程具体细节不确定的情况。

2. 指导性施工进度计划

指导性施工进度计划是按分项工程或施工过程来划分施工项目,具体确定各分项工程或施工过程的施工时间及其相互搭接配合关系。指导性施工进度计划适用于施工任务具体明确、施工条件基本落实、各种资源供应正常、施工工期较短的工程。

三、单位工程施工进度计划的编制依据

编制单位工程施工进度计划,主要依据以下资料。

(1)经过审批的建筑总平面图及单位工程全套施工图以及地质图、地形图、工艺设置图、设备及其基础图、采用的标准图等图纸及技术资料。

(2)施工组织总设计对本单位工程的有关规定。

(3)施工工期要求及开、竣工日期。

(4)施工条件、劳动力、材料、构件及机械的供应条件、分包单位的情况等。

(5)确定的重要分部分项工程的施工方案,包括确定施工顺序、划分施工段、确定施工起点流向、施工方法、质量及安全措施等。

(6)劳动定额及机械台班定额。

(7)其他有关要求和资料,如工程合同等。

四、单位工程施工进度计划的编制程序

单位工程施工进度计划的编制程序如图 6-9 所示。

156

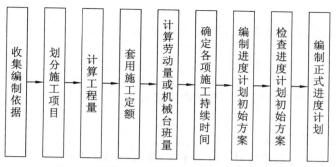

图 6-9　单位工程施工进度计划的编制程序

收集编制依据 → 划分施工项目 → 计算工程量 → 套用施工定额 → 计算劳动量或机械台班量 → 确定各项施工持续时间 → 编制进度计划初始方案 → 检查进度计划初始方案 → 编制正式进度计划

五、施工进度计划的表示方法

施工进度计划一般用图表来表示,有两种形式的图表,即横道图和网络图。横道图的形式如表 6-7 所示。从表 6-7 中可以看出,它由左右两部分组成,左边部分列出各种计算数据,右边部分是从规定的开工之日起到竣工之日止的进度指示图标。有时在其下面汇总每天的资源需要量,绘出资源需要量的动态曲线。其中的单元格根据需要可以是一格表示一天或一格表示若干天。

表 6-7　施工进度计划表

序号	分部分项工程名称	工程量		定额	劳动量		常用机械		每天工作班次	每班工人数	工作天数	施工进度
		单位	数量		工种	数量/工日	机械名称	台班数				

网络图的表示方法详见项目 4 的相关内容,这里仅以横道图表编制施工进度计划为例进行介绍。

六、施工进度计划的编制步骤和内容

1. 划分施工过程

在确定施工过程时,应注意以下几个问题。

(1) 施工过程划分的粗细程度,主要根据单位工程施工进度计划的客观作用。

(2) 施工过程的划分应结合所选择的施工方案。

(3) 注意适当简化施工进度计划内容,避免工程项目划分过细、重点不突出。

(4) 水暖电卫工程和设备安装工程通常由专业施工队伍负责施工。

(5) 所有施工过程应大致按施工顺序的先后排列,所采用的施工项目名称可参考现行定额

157

手册上的项目名称。

总之，划分施工过程应粗细得当。最后，根据所划分的施工过程列出施工过程（分部分项工程）一览表。

2．计算工程量

计算工程量时，一般可以采用施工图预算的数据，但应注意有些项目的工程量应按实际情况进行适当调整。

工程量计算时应注意以下几个问题。

（1）各分部分项工程的工程量计算单位应与现行定额手册中所规定单位相一致，以避免计算劳动力、材料和机械设备、机具数量时进行换算，产生错误。

（2）结合选定的施工方法和安全技术要求计算工程量

（3）结合施工组织要求，分区、分项、分段、分层计算工程量。

（4）采用预算文件中的工程量时，应按施工过程的划分情况将预算文件中有关项目的工程量汇总。

3．套用施工定额

确定了施工过程及其工程量后，即可套用建筑工程施工定额（当地实际采用的劳动定额及机械台班定额），以确定劳动量和机械台班量。

施工定额有两种形式：时间定额和产量定额。时间定额是指某种专业、某种技术等级的工人小组或个人在合理的技术组织条件下，完成单位合格的建筑产品所必需的工作时间，一般用 H_i 表示。产量定额是指在合理的技术组织条件下，某种专业、某种技术等级的工人小组或个人在单位时间内所应完成合格的建筑产品的数值，一般用 S_i 表示。

时间定额和产量定额互为倒数关系，即：

$$H_i = 1/S_i \tag{6-3}$$

在套用国家或当地颁布的定额时，必须注意结合本单位工人的技术等级、实际操作水平、施工机械情况和施工现场条件等因素，确定定额的实际水平，使计算出来的劳动量、机械台班量等符合实际需要。

4．确定劳动量和机械台班数量

劳动量和机械台班数量应当根据分部分项工程的工程量、施工方法和现行的施工定额，并结合当时当地的具体情况加以确定。一般应按下式计算。

$$P = Q/S \tag{6-4}$$

或

$$P = Q \cdot H \tag{6-5}$$

式中：P ——完成施工过程所需的劳动量（工日）或机械台班数量（台班）；

Q——完成某施工过程的工程量（m^3，m^2，t……）；

S——某施工过程的产量定额（m^3，m^2，t……/工日或台班）；

H——某施工过程的时间定额（工日或台班/m^3，m^2，t……）。

在使用定额时，常遇到定额所列项目的工作内容与编制施工进度计划所列项目不一致的情况，此时应当换算成平均定额。

（1）查用定额时，若定额对同一工种不一样时，可用其平均定额。

$$H = \frac{H_1 + H_2 + \cdots + H_n}{n} \tag{6-6}$$

式中：$H_1, H_2, \cdots, H_n$——同一性质不同类型分项工程时间定额；

  H——平均时间定额；

  n——分项工程的数量。

当同一性质不同类型分项工程的工程量不相等时，平均定额应用加权平均值，其计算公式为：

$$S = \frac{Q_1 + Q_2 + \cdots + Q_n}{\dfrac{Q_1}{S_1} + \dfrac{Q_2}{S_2} + \cdots + \dfrac{Q_n}{S_n}} = \frac{\sum\limits_{i=1}^{n} Q_i}{\sum\limits_{i=1}^{n} \dfrac{Q_i}{S_i}} \tag{6-7}$$

式中：$Q_1, Q_2, \cdots, Q_n$——同一性质不同类型分项工程的工程量。

其他符号同前。

（2）对于有些采用新技术或特殊的施工方法的定额，或者在定额手册中未列入的定额，其定额可参考类似项目或实测确定。

（3）对于"其他工程"项目所需劳动量，可根据其内容和数量，并结合工程具体情况，以占总的劳动量的百分比（一般为 10%～20%）计算。

（4）水暖电卫、设备安装工程项目，一般不计算劳动量和机械台班需要量，仅安排与土建工程配合的进度。

【例 6-2】 已知某单位工业厂房的柱基土方为 3 240 m³，采用人工挖土，每工产量定额为 65 m³，计算完成基坑所需总劳动量。

【解】 若已知时间定额为 0.154 工日/m³，则完成挖基坑所需总劳动量为：

$$P = Q \cdot H = 3\ 240 \times 0.154 \text{ 工日} = 499 \text{ 工日}$$

【例 6-3】 钢门窗油漆一项由钢门油漆和钢窗油漆两项合并而成，已知 Q_1 为钢门面积 368.52 m²，Q_2 为钢窗面积 889.66 m²，钢门油漆的产量定额 S_1 为 11.2 m²/工日，钢窗油漆的产量定额 S_2 为 14.63 m²/工日。计算平均产量定额。

【解】
$$S = \frac{Q_1 + Q_2}{\dfrac{Q_1}{S_1} + \dfrac{Q_2}{S_2}} = \frac{368.52 + 889.66}{\dfrac{368.52}{11.2} + \dfrac{889.66}{14.63}} \text{ m}^2/\text{工日} = 13.43 \text{ m}^2/\text{工日}$$

5. 确定各施工项目的持续时间

计算各分部分项工程施工持续时间的方法有三种。

（1）根据工程项目经理部计划配备在该分部分项工程上的施工机械数量和各专业工人人数确定，其计算公式如下。

$$t = \frac{P}{R \cdot N} \tag{6-8}$$

式中：t——完成某分部分项工程的施工天数；

  P——某分部分项工程所需的机械台班数量或劳动量；

  R——每班安排在某分部分项工程上施工机械台数或劳动人数；

  N——每天工作班次。

【例 6-4】 某工程砌筑砖墙，需要总劳动量 160 工日，一班制工作，每天出勤人数为 22 人（其中瓦工 10 人，普工 12 人）则

$$t = \frac{P}{R \cdot N} = \frac{160}{22 \times 1} \text{天} \approx 7 \text{ 天}$$

（2）根据工期要求倒排进度。

首先根据规定总工期和施工经验,确定各分部分项工程的施工时间,然后再按各分部分项工程需要的劳动量或机械台班数量,确定每一分部分项工程每个工作班所需要的工人数或机械台数,其公式如下。

$$R = \frac{P}{t \cdot N} \tag{6-9}$$

【例 6-5】 某单位工程的土方工程采用机械施工,需要 87 个台班完成,则当工期为 8 天时,所需挖土机的台数如下。

$$R = \frac{P}{t \cdot N} = \frac{87}{8 \times 1} 台班 \approx 11 台班$$

（3）经验估计法。

施工项目的持续时间最好是按正常情况确定,这时它的费用一般是较低的。待编制出初始进度计划并经过计算后再结合实际情况进行必要的调整,这是避免因盲目抢工而造成浪费的有效方法。根据过去的施工经验并按照实际的施工条件来估算项目的施工持续时间是较为简单的方法,现在一般也多采用这种方法。这种方法多用于新工艺、新技术、新材料等无定额的工种。在经验估计法中,有时为了提高其准确程度,往往采用"三时估计法",即先估计出该项目的最长、最短和最可能的三种施工时间,然后以此来求出期望的施工持续时间作为该项目的施工持续时间,其计算公式如下。

$$t = \frac{A + 4C + B}{6} \tag{6-10}$$

式中：t——项目施工持续时间；

　　A——最长施工持续时间；

　　B——最短施工持续时间；

　　C——最可能施工持续时间。

通常计算时均先按一班制考虑,如果每天所需机械台数或工人人数,已超过施工单位现有人力、物力或工作面限制时,则应根据具体情况和条件从施工技术和组织上采取措施,如增加工作班次,最大限度地组织立体交叉、平行流水施工,加早强剂提高混凝土早期强度等。

6. 编制施工进度计划的初始方案

流水施工时组织施工、编制施工进度计划的主要方式,在项目 3 中的相关内容已经进行了详细介绍。编制施工进度计划时,必须考虑各分部分项工程的合理施工顺序,尽可能组织流水施工,力求主要工种的施工班组连续施工,其编制方法如下。

（1）划分主要施工流水组（分部工程）,组织流水施工。

（2）配合主要施工流水组,安排其他施工流水组（分部工程）的施工进度。

（3）按照工艺的合理性和工序间尽量穿插、搭接或平行作业方法,将各施工流水组（分部工程）的流水作业图表最大限度地搭接起来,即得单位工程施工进度计划的初始方案。

7. 施工进度计划的检查与调整

施工进度计划的检查与调整的目的在于使初始方案满足规定的目标,一般从以下几个方面进行检查与调整。

（1）各施工过程的施工顺序、平行搭接和技术间歇是否合理。

（2）工期方面,初始方案的总工期是否满足规定的工期。

（3）劳动力方面，主要工种工人是否满足连续、均衡施工。

（4）物资方面，主要机械、设备、材料等的利用是否均衡、施工机械是否充分利用。

应当指出，上述编制施工进度计划的步骤不是孤立的，而是互相依赖、互相联系的，有的可以同时进行。

6.5 施工准备工作及各项资源需要量计划的编制 ...

一、施工准备工作计划

施工准备工作的类型按不同划分标准有不同的类型，具体如下。

1. 按施工范围分类

1）全场施工准备

全场施工准备是以一个建设项目为对象进行的全面施工准备，它是为整个建设项目施工服务的准备工作，同时也要兼顾单项工程施工的准备工作。

2）单项工程施工准备

单项工程施工准备是以一个单项工程为对象进行的施工准备工作，它是为单项工程施工服务的准备工作，同时也要兼顾单位工程施工条件准备。

3）单位工程施工条件准备

单位工程施工条件准备是以一个单位工程为对象而进行的施工条件准备。

4）分部（项）工程作业条件准备

分部（项）工作作业条件准备是以一个分部（项）工程或冬雨季施工项目为对象所进行的作业条件准备。

2. 按施工阶段分类

1）开工前施工准备

开工前施工准备是在工程项目正式开工之前所进行的全面施工准备工作，它既可能是全场性施工准备，又可能是单项工程施工准备。

2）施工阶段前施工准备

各施工阶段前施工准备是在项目开工之后，每个阶段之前所进行的相应施工准备工作。

为落实项目施工准备工作，加强对其的检查和监督，必须根据施工准备工作的项目名称、具体内容、完成时间和负责人员，编制出项目施工准备工作计划。

如在项目 2 中所述，施工准备工作既是单位工程的开工条件，也是施工中的一项重要内容，开工之前必须为开工创造条件，开工后必须为作业创造条件，因此，它贯穿于施工过程的始终。

施工准备工作应有计划地进行，便于检查、监督施工准备工作进展情况。其表格形式如表 6-8 所示。

表 6-8　施工准备工作计划表

| 序号 | 准备工作项目 | 工程量 | | 简要内容 | 负责单位或负责人 | 起止日期 | | 备注 |
		单位	数量			日/月	日/月	

二、劳动力需要量计划

劳动力需要量计划,主要是作为安排劳动力的平衡、调配和衡量劳动耗用指标,安排生活福利设施的依据,其编制方法是将施工进度计划表内所列各施工过程每天(或旬、月)所需工人人数按工种汇总而得,其表格形式如表 6-9 所示。

表 6-9　劳动力需要量计划

| 序号 | 工种名称 | 人数 | ×月 | | | ×月 | | | 备注 |
			上旬	中旬	下旬	上旬	中旬	下旬	

三、主要材料需要量计划

主要材料需要量计划,是备料、供料和确定仓库、堆场面积及组织运输的依据。其编制方法是将施工进度计划表中各施工过程的工程量,按材料品种、规格、数量、使用时间计算汇总而得。其表格形式如表 6-10 所示。

对于某分部分项工程是由多种材料组成时,应按各种材料分类计算,如混凝土工程应换算成水泥、砂、石、外加剂和水的数量列入表格。

表 6-10　主要材料需要量计划

| 序　号 | 材料名称 | 规　格 | 需要量 | | 供应时间 | 备　注 |
			单位	数量		

四、构件和半成品需要量计划

建筑结构构件、配件和其他加工半成品的需要量计划主要用于落实加工订货单位,并按照所需规格、数量、时间,组织加工、运输和确定仓库或堆场,可根据施工图和施工进度计划编制,其表格形式如表 6-11 所示。

表 6-11　构件和半成品需要量计划

序号	构件、半成品名称	规格	图号、型号	需要量		使用部位	加工单位	供应日期	备注
				单位	数量				

五、施工机械需要量计划

施工机械需要量计划主要用于确定施工机械的类型、数量、进场时间,可据此落实施工机械来源、组织进场。其编制方法为,将单位工程施工进度表中的每一个施工过程、每天所需的机械类型、数量和施工日期进行汇总,即得施工机械需要量计划,其格式如表 6-12 所示。

表 6-12　施工机械需要量计划

序号	机械名称	类型、型号	需要量		货源	使用起止时间	备注
			单位	数量			

163

6.6 施工平面图的设计 ....

单位工程施工平面图是对一个建筑物或构筑物的施工现场的平面规划和空间布置图。

一、单位工程施工平面图的设计内容

（1）建筑物总平面图上已建的地上、地下一切房屋、构筑物以及其他设施(道路和各种管线等)的位置和尺寸。

（2）测量放线标桩位置、地形等高线和土方取弃地点。

（3）自行式起重机开行路线,轨道式超重机轨道布置和固定式垂直运输设备位置。

（4）各种加工厂、搅拌站、材料、加工半成品、构件、机具的仓库或堆场。

（5）生产和生活性福利设施的布置。

（6）场内道路的布置和引入的铁路、公路和航道位置。

（7）临时给水管线、供电线路、蒸气及压缩空气管道等布置。

（8）一切安全及防火设施的位置。

二、单位工程施工平面图的设计依据

施工平面图设计所依据的资料主要有以下几种。

1. 建筑、结构设计和施工组织设计时所依据的有关拟建工程的当地原始资料

（1）自然条件调查资料。

（2）技术经济调查资料。

2. 建筑设计资料

（1）建筑总平面图，图上应包括一切地上、地下拟建的房屋和构筑物。

（2）一切已有和拟建的地下、地上管道位置，在设计施工平面图时，可考虑利用这些管道或需考虑提前拆除或迁移，并需注意不得在拟建的管道位置上面建临时建筑物。

（3）建筑区域的竖向设计和土方平衡图。它们在布置水、电管线和安排上方的挖填、取土或弃土地点时非常有用。

（4）拟建工程的有关施工图设计资料。

3. 施工资料

（1）单位工程施工进度计划，从中可了解各个施工阶段的情况，以便分阶段布置施工现场。

（2）施工方案，据此可确定垂直运输机械和其他施工机具的位置、数量和规划场地。

（3）各种材料、构件、半成品等需要量计划，以便确定仓库和堆场的面积、形式和位置。

三、单位工程施工平面图的设计原则

（1）在保证施工顺利进行的前提下，现场布置尽量紧凑、节约用地。

（2）合理布置施工现场的运输道路及各种材料堆场、加工厂、仓库位置、各种机具的位置；应尽量使得运距最短，从而减少或避免二次搬运。

（3）力争减少临时设施的数量，降低临时设施费用。

（4）临时设施的布置，应尽量便利于工人的生产和生活，使工人至施工区的距离最短，往返时间最少。

（5）符合环保、安全和防火要求。

根据上述基本原则并结合施工现场的具体情况，从中选出最经济、最安全、最合理的方案。方案比较的技术经济指标一般有：施工用地面积、施工场地利用率、场内运输道路总长度、各种临时管线总长度、临时房屋的面积，以及是否符合国家规定的技术和防火要求等。

四、单位工程施工平面图的设计步骤

单位工程施工平面图设计的一般步骤如图 6-10 所示。

1. 确定垂直运输机械的位置

垂直运输机械的位置直接影响搅拌站、加工厂及各种材料、构件的堆场或仓库等的位置和道路、临时设施及水、电管线的布置等，因此，它的布置是施工现场全局的中心环节，必须首先确定。由于各种起重机械的性能不同，其布置位置也不相同。

1）有轨式起重机（塔吊）的布置

有轨式起重机是集起重、垂直提升、水平输送三种功能为一体的机械设备。

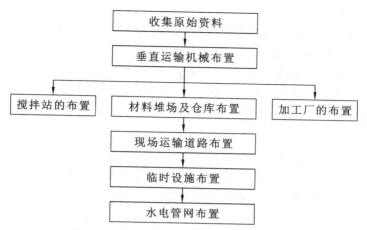

图 6-10　单位工程施工平面图的设计步骤

通常轨道布置方式有以下四种布置方案,如图 6-11 所示。

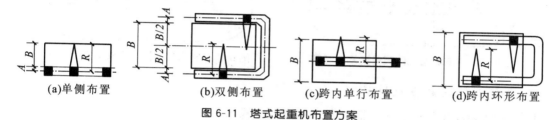

图 6-11　塔式起重机布置方案

(1) 单侧布置。

当建筑物宽度较小,构件重量不大,选择起重力矩在 450 kN·m 以下的塔式起重机时,可采用单侧布置方式。

当采用单侧布置时,其起重半径 R 应满足下式要求,即

$$R \geqslant B + A \tag{6-11}$$

式中:R——塔式起重机的最大回转半径,m;

　　　B——建筑物平面的最大宽度,m;

　　　A——建筑物外墙皮至塔轨中心线的距离。一般当无阳台时,A=安全网宽度+安全网外侧至轨道中心线距离;当有阳台时,A=阳台宽度+安全网宽度+安全网外侧至轨道中心线距离。

(2) 双侧布置或环形布置。

当建筑物宽度较大,构件重量较重时,应采用双侧布置或环形布置,此时起重半径应满足下式要求。

$$R \geqslant B/2 + A \tag{6-12}$$

式中的符号意义同前。

(3) 跨内单行布置。

由于建筑物周围场地狭窄,不能在建筑物外侧布置轨道;或者由于建筑物较宽,构件较重时,塔式起重机应采用跨内单行布置才能满足技术要求,此时最大起重半径应满足下式。

$$R \geqslant B/2 \tag{6-13}$$

（4）跨内环形布置。

当建筑物较宽、构件较重，塔式起重机跨内单行布置不能满足构件吊装要求，并且塔吊不可能在跨外布置时，可选择这种布置方案。

塔式起重机的位置及尺寸确定之后，应当复核起重量、回转半径、起重高度这三项工作参数是否能够满足建筑吊装技术要求。它是以塔轨两端有效端点的轨道中点为圆心，以最大回转半径为半径画出两个半圆，连接两个半圆，即为塔式起重机服务范围，如图 6-12 所示。

在确定塔式起重机服务范围时，最好将建筑物平面尺寸包括在塔式起重机服务范围内，以保证各种构件与材料直接吊运到建筑物的设计部位上，尽可能不出现死角，如果实在无法避免，则要求死角越小越好，以保证这部分死角的构件顺利安装，有时将塔吊和龙门架同时使用来解决这一问题，如图 6-13 所示。但要确保塔吊回转时不能有碰撞的可能，以确保施工安全。

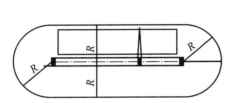

图 6-12　塔式起重机的服务范围示意图

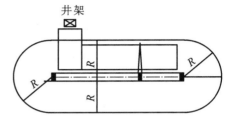

图 6-13　塔式起重机龙门架配合示意图

2）自行无轨式起重机械的布置

自行无轨式起重机械分为履带式、轮胎式和汽车式三种起重机。

自行式无轨起重机械专门用于构件装卸和起吊各种构件，适用于装配式单层工业厂房主体结构的吊装，亦可用于混合结构大梁等较重的构件的吊装。其吊装的开行路线及停机位置主要取决于建筑物的平面布里、构件重量、吊装高度和吊装方法等。

3）固定式垂直运输机械的布置

其布置的原则是：充分发挥起重机械的能力，并使地面和楼面的水平运距最小。布置时应考虑以下几个方面的问题。

（1）当建筑物各部位的高度相同时，应布置在施工段的分界线附近。

（2）当建筑物各部位的高度不同时，应布置在高低分界线较高部位的一侧。

（3）井架、龙门架的位置以布置在窗口处为宜，以避免砌墙留槎和减少井架拆除后的修补工作。

（4）井架、龙门架的数量应根据施工进度，垂直提升的构件和材料数量、台班工作效率等因素计算确定，其服务范围一般为 50～60 m。

（5）卷扬机的位置不应距离起重机太近，以便司机的视线能够看到整个升降过程。一般要求此距离大于建筑物的高度，水平距外脚手架 3 m 以上。

（6）井架应立在外脚手架之外并有一定距离为宜，一般为 5～6 m。

2. 确定搅拌站、仓库、材料和构件堆场以及加工厂的位置

搅拌站、仓库和材料、构件的布置应尽量靠近使用地点或在起重机服务范围以内，并考虑到运输和装卸料的方便。

根据起重机械的类型，材料、构件堆场位置的布置有以下几种方式。

（1）当采用固定式垂直运输机械时，首层、基础和地下室所有的砖、石等材料宜沿建筑物四周布置，并距坑、槽边不小于 0.5 m，以免造成槽（坑）土壁的塌方事故；二层以上的材料、构件应布置在垂直运输机械的附近。当多种材料同时布置时,对大宗的、重量大的先期使用的材料,应尽可能靠近使用地点或起重机附近布置,而少量的、轻的和后期使用的材料,则可布置得远一点,混凝土、砂浆搅拌站、仓库应尽量靠近垂直运输机械。

（2）当采用自行有轨式起重机械时,材料和构件堆场位置以及搅拌站出料口的位置,应布置在塔式起重机有效服务范围内。

（3）当采用自行无轨式起重机械时,材料、构件堆场、仓库及搅拌站的位置,应沿着起重机开行路线布置,并且其位置应在起重臂的最大外伸长度范围内。

（4）任何情况下,搅拌机应有后台上料的场地,搅拌站所用材料,如水泥、砂、石、水泥罐等都应布置在搅拌机的后台附近。当混凝土基础的体积较大时,混凝土搅拌站可以直接布置在其坑边缘附近,待混凝土浇筑完后再转移,以减少混凝土的运输距离。

（5）混凝土搅拌机每台需有 25 m² 左右的面积,冬季施工时,面积为 50 m² 左右,砂浆搅拌机每台需有 15 m² 左右的面积,冬季施工时为 30 m² 左右。

3. 现场运输道路的布置

现场主要道路应尽可能利用永久性道路的路基,在土建工程结束之前再铺路面。因此,运输路线最好围绕建筑物布置成一条环形道路,道路宽度一般不小于 3.5 m,主干道路宽度不小于 6 m,道路两侧一般结合地形设排水沟,沟深不小于 0.4 m,沟宽不小于 0.3 m,施工现场最小道路宽度如表 6-13 所示。

表 6-13　施工现场最小道路宽度

序号	车辆类型及要求	道路宽度/m
1	汽车单行道	≥3.0
2	汽车双行道	≥6.0
3	平板拖车单行道	≥4.0
4	平板拖车双行道	≥8.0

4. 临时设施的布置

临时设施分为生产性临时设施和生活性临时设施,布置时应考虑使用方便、有利施工、合并搭建、符合安全的原则。

（1）生产设施(如木工棚、钢筋加工棚等)的位置,宜布置在建筑物四周稍远位置,并且应有一定的材料、成品的堆放场地。

（2）白灰仓库、大白堆放与制备的位置应设在下风向。

（3）防水卷材及胶结料的位置应离开易燃仓库或堆场,宜布置在下风向。

（4）办公室应靠近施工现场,设在工地入口处。工人休息室靠近工人作业区,宿舍应布置在安全的上风侧,收发室宜布置在入口处等。

临时宿舍、文化福利、行政管理房屋面积参考表,如表 6-14 所示。

表 6-14　临时宿舍、文化福利、行政管理房屋面积参考表

序号	行政生活福利建筑物名称	单位	最少面积
1	办公室	m²/人	3.5
2	单层宿舍	m²/人	2.6～2.8
3	食堂兼礼堂	m²/人	0.9
4	医务室	m²/人	0.06(≥30 m²)
5	浴室	m²/人	0.10
6	俱乐部	m²/人	0.10
7	门卫室	m²/人	6～8

5. 水电管网的布置

1）施工水网的布置

（1）施工用的临时给水管一般由建设单位的干管或自行布置的干管接到用水地点，布置时应力求管网总长度短，管径的大小和水龙头数目需根据工程规模的大小通过计算确定。管道可埋置于地下，也可以铺设在地面上，根据当时的气温条件和使用期限的长短而定，其布置形式有环形、枝形、混合式三种。

（2）供水管网应按防火要求布置室外消防栓，消防栓应沿道路设置，距道路应不大于 2 m，距建筑物外墙不应小于 6 m，也不应大于 25 m，消防栓的间距不应超过 120 m，工地消防栓应设有明显的标志，并且周围 3 m 以内不准堆放建筑材料。

（3）为了排除地面水和地下水，应及时修通永久性下水道，并结合现场地形在建筑物周围设置排泄地面水和地下水的沟渠。

2）施工供电的布置

（1）为了维修方便，施工现场一般采用架空配电线路，并且要求现场架空线与施工建筑物水平距离不小于 10 m，电线与地面距离不小于 6 m，跨越建筑物或临时设施时，垂直距离不小于 2.5 m。

（2）现场线路应尽量架设在道路的一侧，并且尽量保持线路水平，以免电杆受力不均，在低压线路中，电杆间距应为 25～40 m，分支线及引入线均应由电杆处接出，不得由两杆之间接线。

（3）单位工程施工用电应在全工地性施工总平面图中一并考虑，如图 6-14 所示。一般情况下，计算出施工期间的用电总数，提供给建设单位解决，不另设变压器。只有独立的单位工程施工时，才根据计算出的现场用电量选用变压器，其位置应远离交通要道口处，布置在现场边缘高压线接入处，四周用铁丝网围住。因此，对于大型建筑工程、施工期限较长或建筑工地较为狭窄的工程，就需要按施工阶段来布置几张施工平面图，以便能把不同施工阶段内工地上的合理布置情况反映出来。

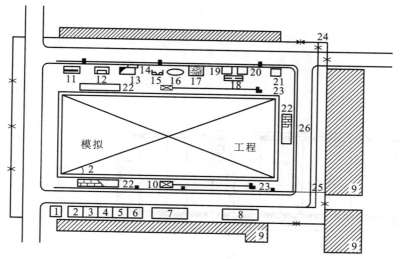

图 6-14 单位工程施工平面图实例

1—门卫室；2—办公室；3—工具库；4—机修间；5—仓库；6—休息室；7—木工棚及堆场；8—钢筋棚及堆场；
9—原有建筑；10—井架；11—脚手架，模板堆场；12—屋面板堆场；13—砂堆；14—淋灰池；15—砂浆搅拌机；
16—混凝土搅拌机；17—石子堆场；18—一般构件堆场；19—水泥罐；20—消防栓；21—沥青锅；
22—砖堆；23—卷扬机房；24—电源；25—水源；26—临时围墙

6.7 单位工程施工组织设计实例 ....

一、工程概况和特点

1. 工程概况

（1）本工程位于我国某城市市区，是由三个单元组成的一字形住宅。建筑面积 2 970 m²，全长 147.5 m，宽 12.46 m，檐高 41.00 m，最高点（电梯井顶）43.58 m。地下室为 2.7 m 高的箱形结构设备层，上部主体结构共 14 层，层高 2.9 m，每单元设两部电梯，其平、剖面简图如图 6-15 所示。

（2）本工程采用内浇外挂的大模板的结构形式，现浇钢筋混凝土地下室基础，基础下为无筋混凝土垫层。

（3）装饰和防水：一般水泥砂浆地面，室内墙面为混合砂浆打底、刮白罩面。天棚为混凝土板下混合砂浆打底刮白罩面。外墙面装饰随壁板在预制厂做好。屋面防水为 SBS 改性沥青卷材防水。

（4）水暖设施：为一般排水设施和热水采暖系统。

（5）电源由电缆从小区变配电站分两路接入楼内配电箱。

其主要工程量如表 6-15 所示。

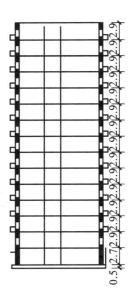

图 6-15 某大模板住宅平面、剖面示意图

表 6-15 主要工程量表一览表

项次	工 程 名 称	单位	工程量	项次	工 程 名 称	单位	工程量
一	地下室工程			11	楼梯休息板吊装	块	354
1	挖土	m³	9 000	12	阳台栏板吊装	块	2 330
2	混凝工程	m³	216	13	门头花饰吊装	块	672
3	楼板	块	483	三	装饰工程		
4	回填土	m³	1 200	14	楼地面豆石混凝土垫层	m²	19 800
二	大模板主体结构工程			15	棚板刮白	m²	21 625
5	壁板吊装	块	1 596	16	墙面刮白	m²	60 290
6	内墙隔板混凝土	m³	1 081	17	屋面找平	m²	60 290
7	通风道吊装	块	495	18	铺防水卷材	m²	3 668
8	圆孔板吊准	块	5 329	19	木门窗	扇	2 003
9	阳台板吊装	块	637	20	钢门窗	扇	1 848
10	垃圾道吊装	块	84	21	玻璃油漆	m²	

2. 施工条件

（1）施工期限：5 月 10 日进场，开始施工准备工作，12 月 15 日前竣工。

（2）自然条件：工程施工期间各月份的平均气温如表 6-16 所示。土质为亚砂土，地下水位 −6.0 m，主导风向偏西。

表 6-16　工程施工期间各月份的平均气温

月份	5 月	6 月	7 月	8 月	9 月	10 月	11 月	12 月
气温	20 ℃	25 ℃	28 ℃	28 ℃	28 ℃	20 ℃	15 ℃	10 ℃

（3）技术经济条件。

① 交通运输：工地北侧为市区街道，施工中所用的主要材料与构件均可经公路直接运进工地。

② 全部预制构件均在场外加工厂生产。现场所需的水泥、砖、石、砂、石灰等主要材料由公司材料供应部门按需要计划供应。钢门窗由金属结构厂供应。

③ 施工中用水、电均可从附近已有的水网、电路中引来。

④ 施工期间所需劳动力均能满足需要。由于本工程距施工公司的生活基地不远，在现场不需设置工人居住临时房屋。

二、施工方案

几个主要项目施工方案选择如下。

1. 基坑土方开挖

本工程基坑长 147.5 m，宽 12.46 m，深 3.7 m，土质为 Ⅱ 类土。地下水位较低，基坑四周比较狭窄，修整边坡困难，故选用 W-100 型反铲挖土机。挖土机的数量的确定如下。

$$b = \frac{Q}{S} \times \frac{1}{T \cdot N \cdot K}$$

式中：b——挖土机数量；

Q——土方工程量，取 900 m³；

S——挖土机生产率，取 529 m³/台班；

T——工期，取 20 天；

N——每天工作班数，取 1 班；

K——时间利用系数，取 0.9。

挖土机的数量为 0.95 台，取用 1 台挖土机。

挖土流向由西向东，反铲倒退挖土，汽车停在基坑南北两侧装土，挖土机最后在东侧退出。

开挖尺寸：考虑地下室钢筋混凝土墙壁支模的操作方便，坑底尺寸比设计尺寸每边放出 50 cm；基坑边坡的坡度，选用 1:0.75。

挖土时，随挖随清理，同时为了防止用水流入槽内，在基坑上口做好小护堤、在基底东西两侧各挖一个集水坑，准备污水泵进行抽水、排向道路旁排水沟，流入雨水井。

2. 地下室施工

地下室基础底板厚 50 cm，外墙厚 28 cm，内纵墙厚 20 cm，内横墙厚 18 cm，外墙为陶粒混凝土，混凝土强度等级为 C20。

模板：底板外模采用预制定型木模板，墙板采用钢模板。

混凝土：设一临时搅拌站，专供浇筑基础底板混凝土。

混凝土、模板、钢筋等垂直运输采用地上结构施工用的塔吊，因此要提前进场一台塔吊。

地下室施工流向也是由西向东。施工顺序为：外墙→横墙→纵墙→扣板→砌窨井→回填土。

3. 主体结构工程施工

大模板采用定型模板。选用塔式起重机作为主体结构施工的水平、垂直运输机械。

1）起重机型号的选择

（1）起重量。

$$Q \geqslant Q_1 + Q_2$$

式中：Q_1——构件的重量（最重构件），本工程预制山墙板 5.646 t；

Q_2——索具的重量，取 0.3 t。

故 $\qquad Q \geqslant (5.46 + 0.3)\text{t} = 5.76 \text{ t}$

（2）起重高度。

$$H = h_1 + h_2 + h_3 + h_4$$

式中：h_1——安装层顶面高度，取 43.58 m；

h_2——安装间隙，取 0.5 m；

h_3——构件吊装后，绑扎点至构件底面的距离，取 3.2 m；

h_4——索具高度，取 1.5 m。

（3）回转半径。

$$R \geqslant R_1 + R_2 + R_3$$

式中：R_1——起重中心轴至内侧轨道中心距离，取 2 m；

R_2——内侧轨道中心至建筑物边缘距离，取 1.5 m；

R_3——建筑物宽度，为 12.30 m。

选用 TQ60/80（3～8 t）型起重机（其性能见表 6-17）。

表 6-17　TQ 60/80 塔式起重机技术规格性能表

塔　级	起重臂长度/m	幅度/m	起重量/t	起重高度/m
高塔 60 t·m	30	30	2	50
		14.6	4.1	68
	25	25	2.4	49
		12.3	4.9	65
	20	20	3	48
		10	6	60
	15	15	4	47
		7.7	7.8	56
中塔 70 t·m	30	30	2	40
		14.6	4.1	58
	25	25	2.8	39
		12.3	5.7	55
	20	20	3.5	38
		10	7	50
	15	15	4.7	37
		7.7	9	46

塔 级	起重臂长度/m	幅度/m	起重量/t	起重高度/m
低塔 80 t·m	30	30	2	30
		14.6	4.1	48
	25	25	3.2	29
		12.3	6.5	45
	20	20	4	28
		10	8	40
	15	15	5.3	27
		7.7	10.4	36

2) 起重机数量的确定

$$B = \frac{Q}{S} \cdot \frac{1}{N \cdot T \cdot K} = \frac{2\,064}{100} \times \frac{1}{4 \times 2 \times 0.9} 台 = 2.86 \text{ 台} \approx 3 \text{ 台}$$

式中：B——起重机需要台数；

  Q——主体工程要求的最大施工强度，取 2 064 吊次(计算见表 6-18)；

  T——工期每层 4 天(按主体结构施工控制进度要求)；

  S——起重机台班产量定额，取 100 次/台班；

  N——每天班次，取 2 班次；

  K——时间利用系数，取 0.9。

三台塔吊设在建筑物北侧同一轨道上，分别负责一个单元的垂直运输。

表 6-18 施工强度

塔 吊 项 目	单 位	标准单元一层吊次
横墙混凝土	m³	234
纵墙混凝土	m³	105(951 吊次)
板缝混凝土	m³	24
外墙壁板	块	114
隔断墙板	块	114
楼板、阳台	块	396
通风道、垃圾道	根	39
楼梯板	件	24
钢筋片	片	144(18 吊次)
钢模板	吊	288
其他、安全网架	吊	120
总吊次	吊	2 064

3）起重能力复核

最重的构件 Q_1 和最远构件 Q_2，其距离如图 6-16 所示。起吊最重构件 Q_1（山墙板）及起吊最重构件 Q_2（侧板），塔吊能满足吊装要求。

结构施工中，在每层 3、23、33 轴线墙上留施工洞，作为装饰施工的运输道路。

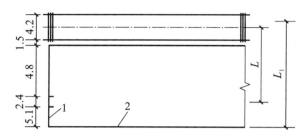

图 6-16　塔吊起重能力复核示意图（单位：mm）

1—山墙板，5.46 t；2—侧板，4.18 t

4. 室内装修

当主体结构进行到第四层时，即插入底板勾缝及室内细石混凝土地面施工。总的施工流向为自下而上；施工顺序是先湿作业后干作业、先地面后顶棚、先室内后室外、先房屋后管道，最后退出。

垂直运输机械：选用三座龙门架。

三、施工进度安排

整个工程包括施工准备工作以及地下结构、主体结构和装饰三个阶段。项目的划分见进度表，施工准备安排一个月（其内容见施工准备工作计划）。

1. 地下工程施工阶段

场地平整后，挖土机进场，其所需时间为：

$$T = \frac{Q}{N \cdot S} = \frac{9\,000}{1 \times 529} \text{天} \approx 17 \text{ 天}$$

挖土、浇垫层混凝土与浇底板混凝土，搭接进行。绑钢筋、立墙模、浇墙混凝土、安装地下室顶板等，组织流水施工。

2. 主体工程施工阶段

每个单元分成四个流水段，进行流水施工。流水段划分如图 6-17 所示。

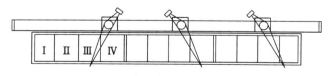

图 6-17　流水施工段划分示意图

每个单元一个混合队，三个单元同时施工。采用自西端向东端连续的流水施工方向。每一施工层工期为 4 天，标准层流水施工组织如表 6-19 所示。

表 6-19　标准层流水施工

项目名称	第一天			第二天			第三天			第四天			第五天			第六天			第七天		
	1	2	3	1	2	3	1	2	3	1	2	3	1	2	3	1	2	3	1	2	3
	I			II			III			IV											
横墙支模、吊壁板		I			II			III			IV										
浇筑横墙混凝土			I			II			III			IV									
横墙混凝土养护				I			II			III			IV								
横墙拆模、纵墙钢筋、支模					I			II			III			IV							
浇纵墙混凝土						I			II			III			IV						
扣边板、阳台							I			II			III			IV					
纵墙拆模、养护、扣板								I			II			III			IV				
安装隔板、阳台、楼板									I			II			III			IV			
安装隔板、阳台、楼板										I			II			III			IV		
圈梁、板缝支模、钢筋											I			II			III			IV	
灌缝抹找平层、放线												I			II			III			IV
上层绑钢筋、门口就位													I			II			III		

3．装饰工程施工阶段

室内墙面抹灰、顶板抹灰随主体结构进行。地面工程自下而上进行。楼梯抹灰最后做。主体封顶后，即开始屋面工程。外装饰分两段，一般由第六层开始，向下进行至第一层；第二段由第十四层开始，向下进行至第七层。在主体结构工程施工的同时，水、暖、电工程穿插进行。

4．施工准备阶段

该单位工程的施工准备工作主要有：技术资料准备、劳动组织准备、物资准备和现场准备，如表 6-20 所示。

表 6-20　施工准备工作项目

序号	准备工作项目	简要内容	负责单位	负责人	起止日期	
					日/月	日/月
一	技术资料准备	（1）熟悉图纸、图纸会审； （2）调查研究自然和经济技术条件； （3）编制单位工程施工组织设计	技术科	×××	5月初	25/5
二	劳动组织	（1）建立组织机构； （2）组织劳动力进场（见劳动力计划表）； （3）计划交底、开会	计划科 技术科	×××	26/5	31/5

序号	准备工作项目	简 要 内 容	负 责 单 位	负责人	起止日期 日／月	日／月
三	物资准备	（1）预制件加工（见构件计划表）； （2）材料计划（见材料计划表）； （3）机具计划（见机具计划表）	材料科、供应科 供应科 机械动力科	×× ×	1/6	31/7
四	现场准备	（1）拆迁地上建筑物； （2）按平面图要求伐木； （3）"三通一平"； （4）铺塔吊轨道、塔吊安装就位； （5）修建暂建工程（见平面图）； （6）测量放线	施工队 施工队 施工队 施工队 施工队 施工队、测量组	×× ×	15/5	30/5

劳动力需要量计划如表 6-21 所示。

表 6-21　劳动力需要量计划

序号	工种名称	最高人数	日　期 五月	六月	七月	八月	九月	十月	十一月	十二月
1	木工	75	15	15	75	75	75	75	75	75
2	瓦工	50				50	50	50		
3	混凝土工	190			90	90				
4	抹灰工	165				80	165	165	80	78
5	钢筋工	60			60	60	60	60	60	190
6	架子工	36				36	36	36	12	
7	吊装工	36			36	36	36	36		
8	电焊工	12				12	12	12		
9	油工	75			12	75	75	75	75	
10	电工	30	1	10	30	30	30	30	30	30
11	水暖工	60	60	60	60	60	60	60	60	60
12	毡工	15						15		
13	壮工	130	30	110	130	94	94	94	46	50
14	总计		115	195	493	698	783	898	378	218

物资准备的主要机具计划如表 6-22 所示。

表 6-22　主要机具计划表

序号	机 具 名 称	规　格	单位	数　量	计划进场时间	备　注
1	挖土机	W-100 反铲	台	1	5 月底	汽车配套
2	推土机	大	台	1	5 月底	

序号	机具名称	规　格	单位	数　量	计划进场时间	备　注
3	塔吊	TQ60/80	台	3	6月10日1台，7月10日2台	
4	钢模板	全套	块	153	6月底	另详
5	污水泵	3	台	2	6月初	
6	高压水泵	扬程50	台	2	7月下旬	
7	龙门井架	高程55	台	3	8月上旬	
8	卷扬机	3 t	台	3	8月上旬	
9	搅拌机	400 m³	台	3	6月中旬	
10	装载机	直流	台	3	6月中旬	
11	切断机		台	1	6月中旬	
12	电焊机	3 t	台	10	7月上旬	
13	外用电槽	$\phi70$、$\phi50$	台	2	10月上旬	
14	倒链	电	台	110	10月中旬	
15	振捣器		台	15	6月底	
16	冲击电钻		台	20	8月中旬	
17	冲压机		台	4	8月初	
18	安全网		片	400	8月初	
19	手提扬升机		台	6	8月初	
20	翻斗车		台	10	7月中旬	
21	电缆1	3×50 m/m²	m	300	7月底	
22	电缆2	3×25 m/m²	m	300	7月底	
23	电焊把线		m	900	7月底	
24	照明电缆		m	600	7月底	
25	钢绳		m	6 000	7月底	

主要建筑材料需要量计划如表6-23所示。

表6-23　主要材料需要量计划表

项　　目	材料名称	规　格	单　位	数　量	供应日期
1	水泥	400#	t	3 000	6月初陆续进场
2	砂	中、粗	m³	6 000	6月初陆续进场
3	石子	1.5～2.5	m³	5 000	6月初陆续进场
4	石子		t	500	6月初陆续进场
5	沥青	3#	t	41	8月中进场
6	油毡	300克	m	21 000	8月中进场
7	木模	另详	m³	580	5月末进场

项目	材料名称	规格	单位	数量	供应日期
8	钢筋	另详	t	673	6月初陆续进场
9	钢窗	另详	扇	1 765	7月初进场
10	钢门	另详	扇	183	7月初进场
11	木窗	另详	扇	1 800	7月初进场
12	木门	另详	扇	203	7月初进场

预制厂生产的主要构件进场计划如表 6-24 所示。

表 6-24　主要构件进场计划表

楼层	月份	进场日期	施工段	W.B33(4)甲	W.B33(4)甲反	W.B33.1甲	W.B33(4)甲	W.B27.1甲	33.3	W.B21.1甲	21(4)	27(11)	W.B39(4)甲	W.B29(13)甲	一层小计	S.B24.1	S.B24.1甲	S.B24.1	S.B24.4	4.5	S.B24.5反	S.B24.6	24.6反	S.B24.7	24.7反	S.B27.10	一层小计	各层合计
1层	8	1日至4日	Ⅰ	2	2	6	2		1	2	1	4	2	6	84	1			1			2	1		1	2	30	114
			Ⅱ	2	2	5	2	1	1	2	1	4	2	6			2	2		2	2	2	2			2		
			Ⅲ	2	2	6	2		1	2	1	4	2	6		1			1			1	2	1		2		
			小计	6	6	17	6	1	3	6	3	12	6	18		2	2	2	2	2	2	5	5	1	1	6		
2层	8	1日至8日	Ⅰ	2	2	6	2		2	2		6	2	4	84	1			1			2	1		1	2	30	114
			Ⅱ	2	2	6	2		2	2		6	2	4			1	1		1	1	2	2			2		
			Ⅲ	2	2	6	2		2	2		6	2	4		1	1	1	1	1	1	1	2	1		2		
			小计	6	6	18	6		6	6		18	6	12		2	2	2	2	2	2	5	5	1	1	6		
3层	8	1日至12日	Ⅰ	2	2	6	2		2	2		6	2	4	84	1			1			2	1		1	2	30	114
			Ⅱ	2	2	6	2		2	2		6	2	4			1	1		1	1	2	2			2		
			Ⅲ	2	2	6	2		2	2		6	2	4		1	1	1	1	1	1	1	2	1		2		
			小计	6	6	18	6		6	6		18	6	12		2	2	2	2	2	2	5	5	1	1	6		
4层	8	1日至16日	Ⅰ	2	2	6	2		2	2		6	2	4	84	1			1			2	1		1	2	30	114
			Ⅱ	2	2	6	2		2	2		6	2	4			1	1		1	1	2	2			2		
			Ⅲ	2	2	6	2		2	2		6	2	4		1	1	1	1	1	1	1	2	1		2		
			小计	6	6	18	6		6	6		18	6	12		2	2	2	2	2	2	5	5	1	1	6		
5至14层	8至10	8月17日至10月6日	5 层至 14 层构件与 4 层相同；数量 10×114＝1 140 块，进场时间：5 层 8 月 17～20 日；6 层 8 月 21～24 日；7 层 8 月 25 日～9 月 3 日；8 层 9 月 4 日～7 日；9 层 9 月 8 日～11 日；10 层 9 月 12 日～9 月 15 日；11 层 9 月 16 日～19 日；12 层 9 月 20 日～23 日；13 层 9 月 24 日～10 月 2 日；14 层 10 月 3 日～6 日																									
			合计	84	84	251	84	1	81	84	3	246	84	174	1 176	28	28	28	28	28	28	70	70	25	14	84	420	1 596

四、质量和安全措施

本工程施工中除按照《建筑工程质量验收规范统一标准》(GB 50300—2013)及《建设工程施工安全技术操作规程》的规定外,还应做到以下几点。

1. 质量措施

1) 预制外装饰壁板

(1) 装卸、运输过程中,严防碰撞,运输时饰面向外。壁板插入板架时应特别小心,并在外饰面一边用木方挂在板上与管架隔离,立稳后取下木方,换上楔子,轻轻放下。

(2) 壁板架必须稳固,地面要夯实,上铺小豆石。

(3) 安装时必须把木方挂上,然后找准塔吊吊钩,慢慢起吊,扶稳离开管架,不准用撬棍撬壁板外侧。

(4) 壁板堆放要均匀布置在板架上,防止偏心倒塌。

(5) 吊装时动作要稳,防止左右碰撞。

2) 水泥砂浆地面

水泥地面压光成活后,用锯末或草袋覆盖浇水养护五天后,才允许上人,但仍要继续浇水养护至七天。

2. 安全措施

(1) 按计划层次搭设安全网,并补好接缝和拐角。

(2) 现场所有机电设施、门架、塔吊等均设立可靠的信号。

(3) 塔吊要装设超重吊臂、行程等安全限位器。

(4) 吊装外壁板、钢模必须使用弹簧卡环,不准用吊钩。

(5) 高层建筑设备、塔吊、门架等做好防雷措施。

3. 雨季施工措施

(1) 基础土方工程施工按 1:0.75 放坡。

(2) 准确掌握混凝土配合比,并注意雨后砂石含水率变化。

(3) 随时整修边坡。

(4) 做好雨季施工的物资准备,如表 6-25 所示。

表 6-25 雨季施工机具材料准备

机具材料名称	规 格	单 位	数 量	计 划 日 期
油毡		卷	15	7月上旬
苇		m²	600	6月下旬
级配砂石		m²	300	6月下旬
水泵	2′/2′—3″	台	2	6月下旬
测量布伞	油布	把	3	7月下旬
毡布		块	10	7月上旬

五、降低成本措施

本工程降低成本措施如表 6-26 所示。

项目 6　编制施工组织设计

179

表 6-26　降低成本措施

序号	项　目	单位	数量	措　施	节约数量	金额/元
1	改变外装修设计			外壁板干粘石装修由工地黏合改为预制厂	2 000	3 400
2	加强施工管理节约水泥3%	t	3 000	（1）加减水剂； （2）限额领料； （3）落在灰收起再用； （4）仓库底灰经常收起	90	4 050
3	降低砂子损耗	m³	6 000	加强管理，节省运输、现场使用的损耗	120	1 800
4	钢筋统一下料，加工节约3%	t	673	用对焊、点焊、冷拉	202	14 140
5	加强管理			降低非生产人员比例，节省开支		5 000
6	合计					28 390

六、施工平面图

本工程施工平面图如图 6-18 所示。

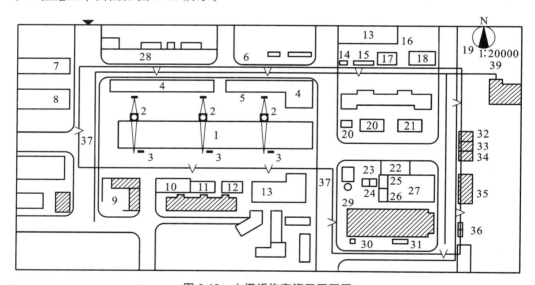

图 6-18　大模板住宅施工平面图

1—拟建工程；2—塔式起重机；3—龙门架；4—壁板堆场；5—钢模板堆场；6—空心板堆场；7—水磨石区；8—砂石堆场；9—液化气站；10—杉槁堆场；11—管材堆场；12—木工棚；13—木料堆场；14—烘干炉；15—消防站；16—材料库；17—水暖加工场；18—钢筋焊片场；19—钢筋冷拉场；20—沥青；21—装饰用料；22—石子23，24—搅拌站；25—锅炉；26—茶炉；27—食堂；28—施工队办公室；29—砂堆；30—油库；31—维修班；32—试验室；33—油工库；34—自行车库；35—料库；36—变压器

1. 起重机械的布置

将三台塔式起重机布置在楼北侧同一轨道上。装修时，在楼南侧 9-10、24-25、36-37 轴间设置三座龙门架，利用阳台做材料入口。

2. 构件、钢模、搅拌站、材料仓库及露天堆放场的位置

（1）主体结构所用的空心板、壁板放在楼北侧起重机工作范围内。

（2）搅拌站设在楼东侧空地上,石子、砂和水泥仓库均设在搅拌站附近。

（3）装修阶段,在三台龙门架附近各设一台临时搅拌机,分别供应各施工段。

（4）水暖、钢筋加工及其露天堆放场设在楼的东北侧,防水和装修用材料放在楼东侧。

（5）管材和脚手料及木材堆放场放在楼的南侧。

（6）水磨石和小型构件放在楼西侧。

3. 水电管线及其他临时施工的位置

（1）本工程由已建的锅炉房引出供水干线至楼北侧分三根主管到三个单元,底层留三个灭火栓。采用锅炉泵压方式供高层用水。

（2）临时用电利用已有的变压器接电,经验算,满足施工用电求。

（3）供电线路由东北角引入施工工地。

（4）在工程四周永久道路之间,修几条临时道路,形成环形路,路面用级配砂石和焦砟铺成。

复习思考题6

1. 单位工程施工组织设计包括哪些内容?

2. 单位工程的工程概况包括哪些内容?

3. 单位施工组织设计的核心内容是什么?

4. 施工方案要解决的问题是什么?

5. 确定单位工程施工流程一般应考虑哪些因素?

6. 确定单位工程施工顺序一般应考虑哪些因素? 室内外装修各有哪些施工顺序?

7. 分别叙述土方工程、模板工程、钢筋工程、混凝土工程的施工方法选择的内容。

8. 单位工程施工机械的选择应考虑哪些因素?

9. 单位工程施工进度计划的作用是什么? 有哪些分类?

10. 单位工程施工进度计划的编制程序是什么? 施工项目的划分应注意哪些问题?

11. 一个施工项目的劳动量、机械台班量、工作持续时间是如何确定的?

12. 施工准备工作的分类是什么? 施工准备工作包括哪些内容? 资源需要量计划有哪些?

13. 单位工程施工平面图设计的内容有哪些?

14. 试述单位工程施工平面图设计的一般步骤。

15. 垂直布置运输机械时应考虑哪些因素?

16. 现场的施工道路有哪些布置要求?

17. 单位工程施工平面图绘制的步骤和要求有哪些?

18. 收集一份单位工程施工组织设计。

19. 根据工程要求独立地编制简单的单位工程施工组织设计。

参 考 文 献

[1] 危道军.建筑施工组织[M].3 版.北京:中国建筑工业出版社,2014.

[2] 贾宝平,刘良林,卢青.建筑工程施工组织与管理[M].西安:西安交通大学出版社,2011.

[3] 张俊友.建筑施工组织与进度控制[M].哈尔滨:哈尔滨工业大学出版社,2014.

[4] 中华人民共和国住房和城乡建设部,中华人民共和国国家质量监督检验检疫总局、建设工程项目管理规范:GB/T 50326—2017[S].北京:中国建筑工业出版社,2017.

[5] 中华人民共和国住房和城乡建设部,中华人民共和国国家质量监督检验检疫总局、建筑施工组织设计规范:GB/T 50502—2009[S].北京:中国建筑工业出版社,2009.

[6] 李源清.建筑工程施工组织设计[M].北京:北京大学出版社,2011.

[7] 程玉兰.建筑施工组织[M].哈尔滨:哈尔滨工业大学出版社,2012.

[8] 蔡雪峰.建筑施工组织[M].3 版.武汉:武汉理工大学出版社,2008.

[9] 全国二级建造师执业资格考试用书编写委员会.建设工程施工管理[M].北京:中国建筑工业出版社,2015.

[10] 全国二级建造师执业资格考试用书编写委员会.建筑工程管理与实务[M].北京:中国建筑工业出版社,2015.